森林动物
棒针编织

[韩] 明珠贤 / 著

付　静 / 译

中国纺织出版社有限公司

前 言

本书以森林动物为主题，用毛线编织出松鼠、狐狸、浣熊、梅花鹿、兔子以及树木、花草、蘑菇等各种可爱逼真的小玩偶，也可以在花片上编织出它们的图案，再将花片连接起来，制作成包包、毯子、抱枕等，实用又个性。

本书的教学部分主要分为花片编织和玩偶编织两部分。花片编织是用基础针法如上针和下针编织出各种各样的方形织片，再将多个织片连接起来做成更大的作品，如抱枕、毯子等。可以根据花样的特色横向或竖向连接，如果没有特别的图案，通过使用各种颜色的组合也可以做出好看的作品。编织花片是一件简单却又非常享受的事情。睡前或者想要投入某件事的时候，试着享受在短时间内集中精力完成的乐趣吧。

玩偶编织是用细针编织出小尺寸的立体玩偶作品。分为森林里的元素、动物的头、森林里的朋友们三个部分，并根据制作的难易程度设置了三个难度系数。把用毛线制作完成的玩偶放在房间里观赏是不够的，所以我认为如果将它们制作成可以随身携带的小饰物会更有趣，或者将多个玩偶放在一起做成室内装饰物，如圣诞礼物、花环、风铃等，所以请参考最后的"制作小装饰"章节。

对我来说，手工编织似乎比其他领域更困难，所以我用了很长时间才起步。不过，仔细想一想，只要你知道如何起针，如何编织上下针，如何加针减针，以及各种收针的方法，即使不使用特别难的技法也能充分享受编织的乐趣。就算织片的背面有点乱也没有关系，即使技法稍有错误，只要把针数织对，完成作品也是完全没有问题的。让我们通过本书，练习和重复使用各种图案，沉浸在手工编织的魅力之中吧！

明珠贤（绿色橡子）

目录

第 3 章
✕✕✕✕
花片编织

第 5 章
××××
制作小装饰

第 1 章

棒针编织开始之前

本书的使用方法

使用说明

1 本书使用编织图和编织说明两种类型的编织讲解。编织图在编织花片时使用,编织说明在编织玩偶时使用。

2 编织方法和符号因不同的国家和地区略有不同,请掌握编织基础课程的内容后再进行编织。

3 编织密度一般是计算10cm×10cm的针数和行数。但是玩偶的尺寸较小,也可以以5cm×5cm的编织密度为基准进行计算。

4 本书的作品全部使用片织完成,片织是将织物正反交替进行编织的方法。

5 成品的大小和使用的线量,会根据编织者的不同存在一定误差。

编织密度

编织密度通常是指织物10cm×10cm以内的针数和行数。但是即使使用同样的针和线,因为每个人编织时使用的力度不同,编织密度也会有所差异。本书中的每个作品都标注了编织密度,如果想要获得相同尺寸的作品,可以测试织物的编织密度后再进行编织。

使用不同粗细的针和线

即使按照同样的编织方法进行编织，由于使用不同型号的针和线，成品的尺寸和感观也会不同。参考玩偶编织中的圆树，比较一下不同。

除了下面说明中的线外，也可以使用编织花片的针和线。刚开始编织玩偶时，比起本书圆树作品使用的3mm针和ICASSO 6PLY（6合股）羊毛线，使用4mm针和ICASSO 10PLY（10合股）羊毛线更容易享受到完成作品的快乐。

针 2.5mm
线 ICASSO 6PLY
羊毛线 2mm
编织密度 16 针 ×22 行
（5cm×5cm）
完成尺寸 4cm×6cm

针 3mm
线 ICASSO 6PLY
羊毛线 2mm
编织密度 13 针 ×19 行
（5cm×5cm）
完成尺寸 4.5cm×7cm

针 4mm
线 ICASSO 10PLY
羊毛线 3.5mm
编织密度 12 针 ×15 行
（5cm×5cm）
完成尺寸 5.5cm×9cm

针 5mm
线 ICASSO 10PLY
羊毛线 3.5mm
编织密度 10 针 ×13 行
（5cm×5cm）
完成尺寸 6.5cm×10cm

如何看懂编织讲解

本书分为花片编织和玩偶编织，根据编织的情况不同，采用不同的编织教程。

花片编织指采用丰富多彩的毛线编织平面的图案，所以使用可以一目了然的编织图。

而立体的玩偶编织使用根据编织方法进行说明的文字解说。可以通过本书体验两种编织教程。

编织图

编织图清晰地展示出编织符号和颜色图案，使织物完成的样子一目了然。但是编织图仅以正面为基准标示图案符号，需要自行思考反面看不到的花纹而进行编织。例如，平针编织，编织图上都是用下针标示，即使没有特别的标示，背面也要编织相应的上针。编织图没有统一的符号体系，不同的国家和地区使用的符号可能会有所不同，所以在开始编织前请掌握本书的编织图要点。

编织图要点

1 第1行不是起针行。

2 1个方格代表1针。横向是针数，纵向是行数。

3 在本书中，平针编织是基本的编织方法，奇数行从编织图的右侧开始编织，偶数行从编织图的左侧开始编织。

4 如果没有特别的说明，单数行编织下针，偶数行编织上针。

5 为了更清楚地分辨颜色，编织图中省略了下针符号。

6 在确定各方格的颜色后，使用彩色毛线进行编织。

读编织图

编织符号

符号	名称
│	下针
─	上针
●	收针

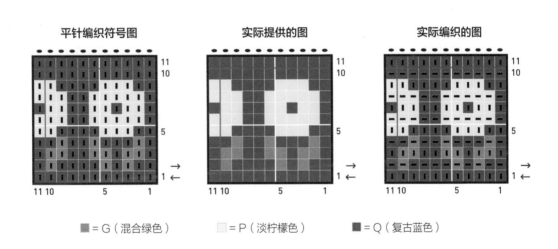

平针编织符号图　　　实际提供的图　　　实际编织的图

■ = G（混合绿色）　　□ = P（淡柠檬色）　　■ = Q（复古蓝色）

　　如上图所示，编织图只以正面为基准标示了图案符号。为了更清楚地展示配色，实际提供的图案不标示下针符号。因此在实际编织的时候，要奇数行编织下针，偶数行编织上针。

　　编织说明需要确认编织方法、针数和行数，并按顺序依次进行编织。所以在编织背面时，不用另外变换，只需确认文字内容进行编织。但是因为不能立刻看到成品的样子，也会有点郁闷。所以这本书提供了玩偶各部位的完成图片，帮助读者掌握大致的感觉。

编织说明要点

1　一般使用常用的编织术语，但是根据国家或地区的不同，编织术语和编织方法说明可能会有所不同，因此在开始编织之前，要先确认编织术语和编织方法说明。

2　确定编织方法、针数和行数，按顺序依次进行编织。

3　确认*~*重复的地方，从*到*重复编织。

4　用▲等符号标示出记号扣，供组装时参考。

5　编织说明中的"平针编织3行"在一般情况下，如果之前是上针编织就换为下针编织，之前是下针编织就换为上针编织。特殊情况会说明，例如"上针开始，平针编织3行"。

6　在编织说明中，只有在一行使用两种颜色时才用颜色区分表示。

7　整行改变颜色时，要仔细确认文字内容。

编织术语中英对照表

中文	英文	英文缩写	说明
起针	cast on	CO	基本起针方法（等同于"bind on"）
卷针加针	backwards loop cast on	blco	用手指绕线起针的方法
下针	knit	k	编织下针的方法
上针	purl	p	编织上针的方法
平针编织	stocking stitch	st-st	上针下针交替编织的方法
起伏针	garter stitch	g-st	只编织下针的方法
桂花针	moss stitch	m-st	第1行：1针下针，1针上针；第2行：1针上针，1针下针，1、2行重复编织
罗纹针	rib stitch	rib	1×1罗纹针，2×2罗纹针
下针1针放2针	knit front & back	kfb	在同1针前后入针织下针，增加1针
下针向左扭加针	make 1 left	m1l	向左倾斜加针
下针向右扭加针	make 1 right	m1r	向右倾斜加针
下针左上2针并1针	knit 2 sts together	k2tog	将2针并为1针一起织下针
下针左上3针并1针	knit 3 sts together	k3tog	将3针并为1针一起织下针
上针左上2针并1针	purl 2 sts together	p2tog	将2针并为1针一起织上针
上针左上3针并1针	purl 3 sts together	p3tog	将3针并为1针一起织上针
下针右上2针并1针	slip, slip, knit	ssk	下针方式分别滑过2针，移回左棒针，一起织下针
费尔岛花样编织	fair isle	—	横向配色提花
嵌花花样编织	intarsia	—	纵向配色提花
挑针继续编织下针	pick up and knit	puk	挑针继续编织下针的方法
包针引返	wrap and turn	w&t	引返编织的方法
收针	bind off	BO	结束针的收针方法（等同于"cast off"）
抽绳法收针	b&t tightly	b&t	将线穿过所有线圈拉紧的收针方法
缝合	seaming	—	缝合片状编织物的方法
I-Cord 编织	I-Cord	—	编织管状绳子的方法
I-Cord 收针	I-Cord bind off	—	用I-Cord收针的方法
I-Cord 边框	I-Cord edging	—	用I-Cord方法编织边框装饰的方法

* 表格中只标示出本书中使用的编织术语

材料和工具

× 毛线

本书主要使用羊毛混纺线。编织花片时使用4mm粗的线，编织玩偶时使用2~3mm粗的线。每款作品用线均配有详细说明，请参考使用。

× 棒针

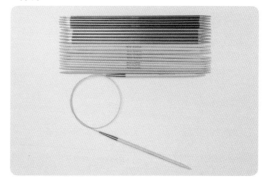

棒针有金属、木头、塑料等多种多样的材质。金属针表面光滑，可以提高编织速度。木制针比金属针摩擦力更大，比较适合初学者。根据作品的尺寸，选择使用双头棒针或用管线连接的环形针。本书中使用的是2.5mm、3mm、4mm和5mm的棒针以及60cm长、直径为4mm的环形针。

× 毛线缝针

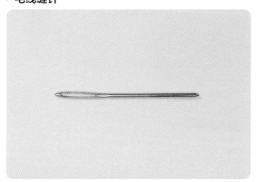

缝合织物或整理收尾线头的时候使用。比一般的缝针粗，针孔也大。有各种尺寸，适合各种类型的毛线。

× 记号扣

标记针数、行数的时候使用。如果没有记号扣，也可以用不同颜色的毛线标记位置。

× 珠针

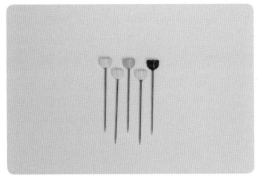

临时固定脸部、耳朵或尾巴等各个位置时使用。

× 剪刀

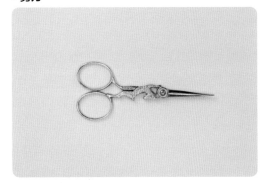

用来剪线。推荐使用刺绣专用小剪刀。

× 翻里钳（止血钳）

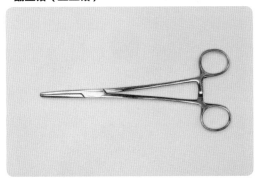

给玩偶的脸、身体、腿等窄小的地方填充棉花的时候使用。翻里钳进不去的地方，可以用毛线缝针代替。

× 尺

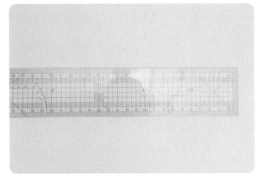

确认编织密度或者测量编织物的尺寸时使用。

× 填充棉

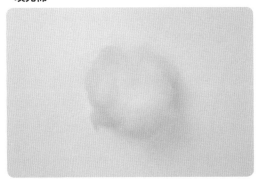

用于填充玩偶，书中主要使用PP棉。

第 2 章

× × × ×

棒针编织基础课程

在开始编织花片和玩偶之前，需要掌握基本的编织技法，

包括起针、各种基础针法、加减针、配色编织、收针、缝合、组装、装饰等，

让我们从编织基础课程开始吧！

编织基础

编织从起针开始，最基础的针法是上针和下针。

利用上下针可以编织出平针、起伏针、桂花针、罗纹针等。

起针（长尾起针法）long tail cast on

这是本书中主要使用的起针方法。留出编织宽度3~4倍长度的线，开始起针。

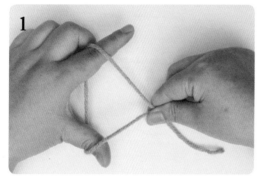

将短线端挂到左手拇指上，绕过拇指和食指，然后用右手握住两根线。

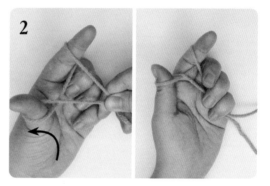

用左手的无名指和小指抓住这两根线，然后松开右手。

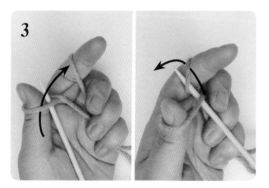

将棒针从前方，从下向上插入拇指上的线圈，针头向右旋转，再从前向后从食指上的线圈内穿出，从右向左挑起线圈。

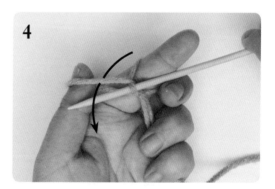

从拇指上的线圈中拉出1个线圈。

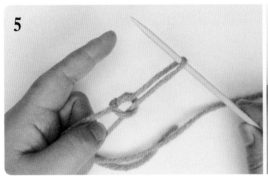 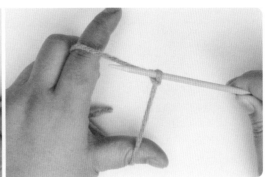

松开拇指和食指，将线拉紧，完成1针。

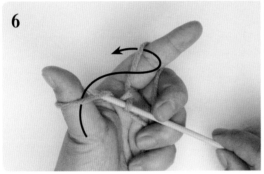 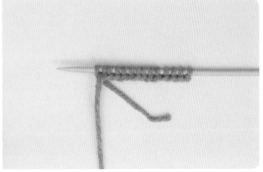

重新竖起左手，按所需针数进行反复起针的动作，从此时起，食指不动，移动拇指和棒针进行起针。

起针需要的毛线用量

在棒针上缠绕需要起针的针数，例如需要起10针，绕10圈左右，再增加一点余量，就可以大概得出起针所需毛线用量。

1 将线在棒针上绕10圈左右。这时不要用力拉紧毛线。
2 取出棒针后，再增加一点余量。

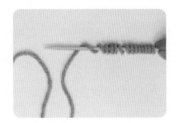

卷针加针 backwards loop cast on

编织过程中加针时使用。在编织"森林里的朋友"的时候，从肚子部分加针编织腿的时候用到这个针法。

1

将线挂到左手上。

2

把棒针从左向右插入线圈里。

3

抽出手指，完成1针加针。

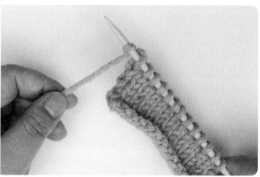

4

重复步骤1~3，完成所需的加针数目。

下针 k=knit

下针编织是棒针编织最基本的针法。

把线放在织物后面，右棒针从左向右插入左棒针上的线圈内。

将线逆时针绕到右棒针上。

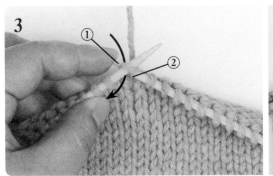

用左手食指推动右棒针的针尖，挑出线圈，将右棒针向内侧转动拉出线圈。

将左棒针抽出，1针下针完成。

上针 p=purl

像下针一样，是最基本的针法。

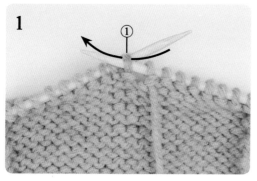

把线放在织物前面，将右棒针插入左棒针线圈的前侧。

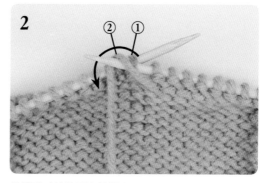

将线逆时针绕到右棒针上。

用左手食指推动右棒针的针尖，将缠绕的线圈挑出绕到左棒针线圈后面。

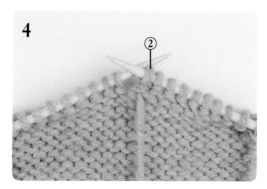

将左棒针抽出，完成1针上针。

要点

挑起脱落的线圈

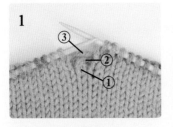

编织到有脱落的线圈处。

从脱落的线圈正上方，将左棒针依次穿过横线和线圈。

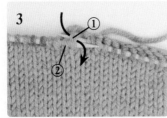

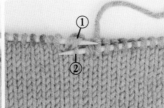

用右棒针将后面的横线拉到前面。

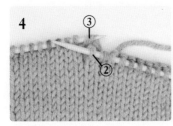

再按顺序挑起左棒针最上面的横线。

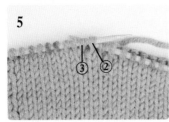

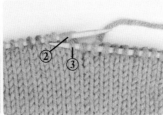

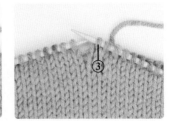

用右棒针将后面的线圈拉到前面，将脱落的线圈挑起。

正确的线圈形状

挑起脱落的线圈后，请确认线圈的形状是否正确。如果编织反了样子就不同了。

正确的下针

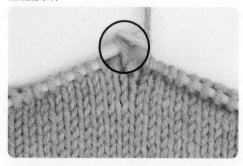

扭转的下针

正确的上针

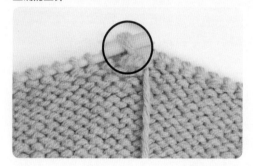

扭转的上针

平针 stocking stitch

一行下针、一行上针交替编织，在织物正面呈现全部下针的效果，这种针法称为平针，是本书中使用最多的编织方法。

起伏针 garter stitch

所有行都只编织下针，在织物正面呈现一行下针、一行上针的效果，这种针法称为起伏针。
使用起伏针完成的织物本身是柔软的，但不会卷边。

桂花针 moss stitch

第1行交替编织下针和上针。
第2行与第1行相反，交替编织上针和下针。如此交替编织到所需长度。

双罗纹针 2×2 rib stitch

每两针交替反复编织下针和上针，这样可以编织出有弹性的双罗纹花样。如果每针交替编织，可以形成单罗纹花样。

加针和减针

在熟悉基本针法之后，介绍在现有针脚上增加和减少针数的方法。
根据加针和减针的方法不同，改变线圈的形状，根据倾斜的样子，在织物上形成花纹。

下针1针放2针 kfb=knit front & back

分别从线圈前后入针编织下针。这是一种简单的加针方法。新增的那针下面有一条横线，看起来像织出上针一样。

像编织下针一样，挑起1针。

不抽出左棒针。

再把右棒针插入织过的这针后面。

4

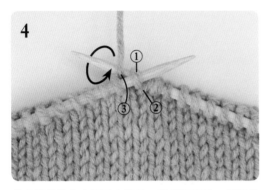

将毛线从外向内绕过右棒针，像编织下针一样织出1针。

5

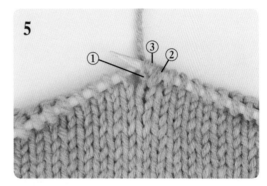

将左棒针抽出，加针完成。

要点

同一线圈前、后入针的区别

前入针

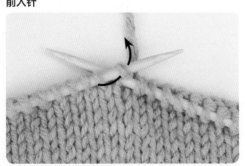

后入针

下针向左扭加针 m1l=make 1 left

用左棒针把连接两针之间的渡线（沉环）从前向后挑起进行编织，这种加针的方法，它的形状是朝左倾斜的。

将左棒针从前向后插入两针之间的渡线。

用左棒针挑起这条渡线，挂在左棒针上形成1个线圈。

将右棒针插入线圈后侧，逆时针挂线，引出线圈。

完成的线圈朝左倾斜。

要点

织物后面连接两针的横线被称为渡线（沉环）。

下针向右扭加针 m1r=make 1 right

用左棒针把连接两针之间的渡线（沉环）从后向前挑起进行编织，这种加针的方法，它的形状是朝右倾斜的。

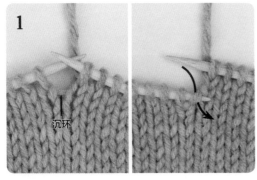

用左棒针从后向前挑起两针中间的渡线，将渡线挂在左棒针上。

用右棒针从前向后插入这个线圈。

在右棒针上逆时针挂线，引出线圈。

完成的线圈朝右倾斜。

下针左上2针并1针 k2tog=knit 2 sts together

把下针由2针并为1针的减针方法。

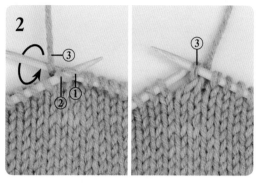

将右棒针从前向后一次性插入左棒针上的前2个线圈。

像编织下针一样绕线，编织出1针下针。

下针左上3针并1针 k3tog=knit 3 sts together

把下针由3针并为1针的减针方法。

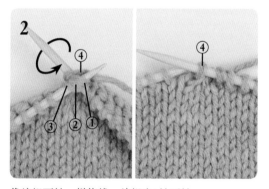

将右棒针从前向后一次性插入左棒针上的前3个线圈。

像编织下针一样绕线，编织出1针下针。

上针左上2针并1针 p2tog=purl 2 sts together
把上针由2针并为1针的减针方法。

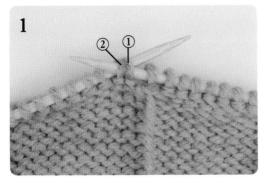

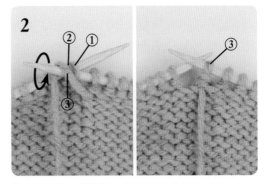

将右棒针一次性插入左棒针上的2个线圈。

像编织上针一样绕线，编织出1针上针。

上针左上3针并1针 p3tog=purl 3 sts together
把上针由3针并为1针的减针方法。

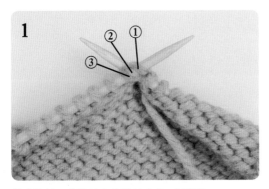

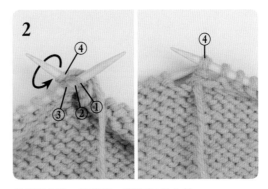

将右棒针一次性插入左棒针上的3个线圈。

像编织上针一样绕线，编织出1针上针。

下针右上2针并1针 ssk=slip, slip, knit

把下针由2针并为1针的减针方法。

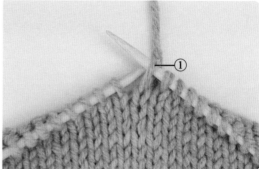

像编织下针一样滑过1针（直接将线圈移至右棒针上，不编织）。

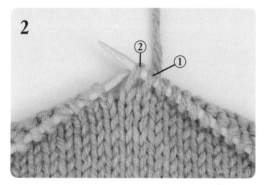

像编织下针一样再滑过1针。

将左棒针一次性插入滑过的这2针。

像编织下针一样在右棒针上绕线，编织出这针。

配色编织

在平针编织时，可以使用各种颜色的线，织出花样。

根据花样不同，毛线可以在反面横向渡线或分为多个线球分别加入编织。

根据配色方式不同分为费尔岛花样编织（横向配色提花）和嵌花花样编织（纵向配色提花）。

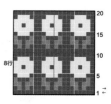

■=G（混合绿色） 配色线
□=P（浅柠檬色） 配色线
■=Q（复古蓝色） 主色线

费尔岛花样编织 fair isle

将不织的线横搭在织物背面进行渡线，反复编织形成同样的重复花样的编织方法。通常把主色线放在配色线下面，横在行之间的渡线，不要拉得太紧，但是也不要太松。这个方法也叫横向配色提花。

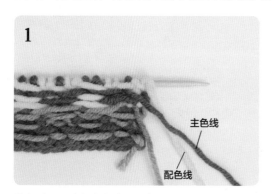

1

换行时，通常把主色线和配色线交叉一下编织。

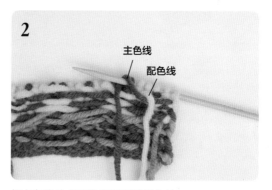

2

把主色线放在配色线下面编织上针。

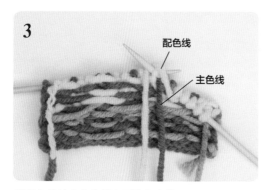

3

把配色线放在主色线上面编织上针。

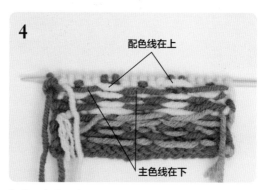

4

保持配色线一直在上面，主色线一直在下面。

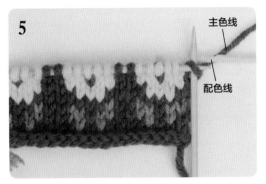

换行时，通常把主色线与配色线交叉一下编织。

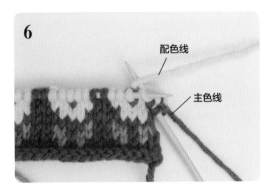

把配色线放在主色线上面编织下针。

把主色线放在配色线下面编织下针。

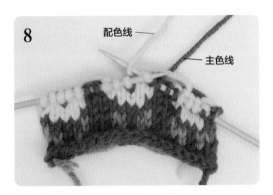

把配色线放在主色线上面编织下针。

保持配色线一直在上面，主色线一直在下面编织。

织片完成后正反面的样子。

搭线的方法

如果花样之间的渡线太长，会显得松垮和凌乱，这时可采用搭线的方法。

织下针时搭线

在主色线上搭上配色线。

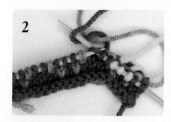
用主色线编织下针。

以一定间距搭线。

织上针时搭线

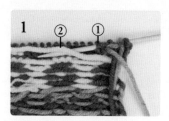
编织上针时，将棒针插入线圈后，将上一行长渡线搭在棒针上。

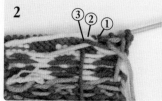
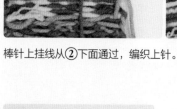
棒针上挂线从②下面通过，编织上针。

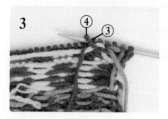
按顺序编织其他针。

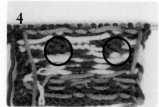
以一定间距搭线。

嵌花花样编织 intarsia

纵向交替配色编织的方法，编织大图案时使用较多。即使相同颜色的线，在不同区域，也要各缠一团线分别进行编织。交替编织时，如果线圈松弛，容易产生洞孔，要注意拉线。

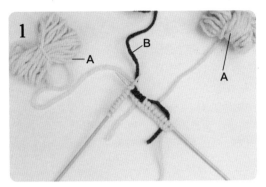

按区域准备所需各线团。

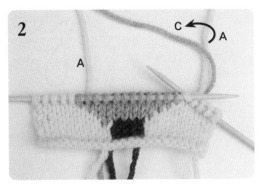

将配色线C放在主色线A的上面编织下针。

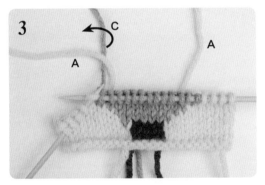

将主色线A放在配色线C的上面编织下针。

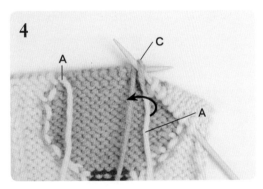

将配色线C放在主色线A的上面编织上针。

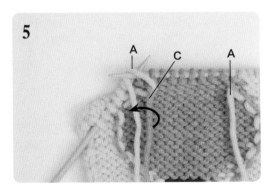

将主色线A放在配色线C的上面编织上针。

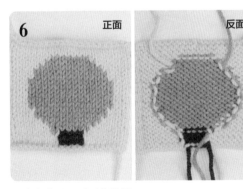

织片完成后正反面的样子。

准备所需各团配色线

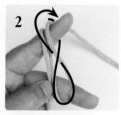

把线挂在食指上。

像图片上一样绕8字。

将需要的线缠起来后，再多绕几圈，留余量剪断。

需要使用时，从内部开始抽线进行编织。

要点

如果是小花样，可以先完成织物，再用毛线缝针穿配色线进行刺绣。

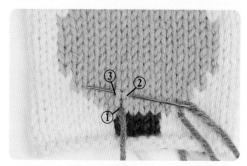

按①、②、③的顺序穿针。

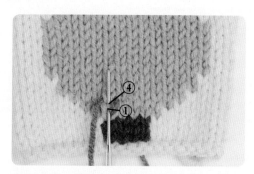

将针穿过①、④。

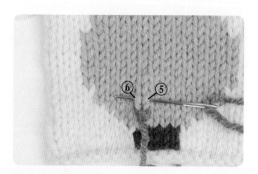

按⑤、⑥的顺序穿过。

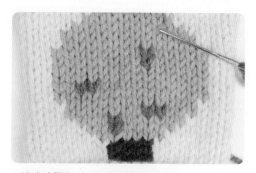

一边确认图案，一边确认针数和行数。

要点

可以混合使用嵌花花样和费尔岛花样编织，不用特意区分。主色线、配色线如果区分不清时，可以按照费尔岛花样编织方法，在原有线上搭配色线交替编织。但由于背面增加了交替使用的线，织物本身也会变厚，不过只要不是编织衣服就无妨。

应用编织

编织空心绳、挑针编织和引返编织是棒针编织中常用的编织技法。

I-Cord编织 I-Cord

用双头棒针编织3~5针下针后，把线圈推向棒针另一端，反复编织至所需长度，形成管状形态的空心绳。本书在编织橡子柄和茎时使用。

在棒针上起3~5针。

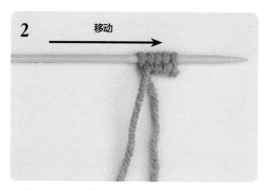

将所有针推移到棒针的右端。

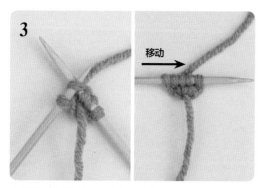

全部编织下针后，再次把所有针推移到针的右端。

反复编织至所需长度。

挑针继续编织下针 puk=pick up and knit

从织物的边缘挑针编织的方法。在织物的下针面将棒针穿过沉环之间的空隙，像织下针一样，绕线挑出1针。如需挑织多针，按上述重复操作直至挑取需要的针数。本书在编织熊脚掌和梅花鹿从脖子到身体时，使用挑针继续编织下针的方法。

从下针面的针脚之间入针。

把线挂在针上，像编织下针一样。

挑出挂在棒针上的线圈，完成1针。

包针引返 w&t = wrap and turn

包针引返是编织横向弧线或斜线的一种方法。引返编织的一行，不织完全部针，在中间翻转织物，使织物出现斜线或弧线。编织完成后，该行的所有针是下针或者上针，最后用包针引返整理针脚和线圈。本书在编织松鼠尾巴和梅花鹿腿时使用此方法，形成弯曲的形态。

╳ 在下针行

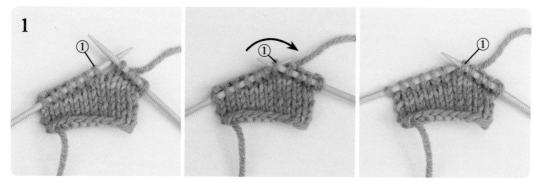

编织4针下针后，像编织上针一样，将下一针滑到右棒针上。

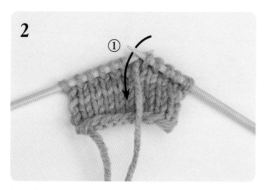

把线绕到织物前面。

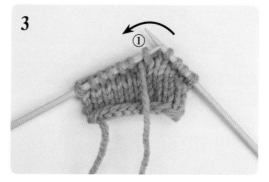

把右棒针滑过的那针移回到左棒针上。

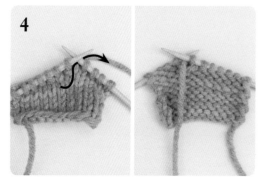

把线再拉到织物后面，翻转织物。

编织4针上针。

× **在上针行**

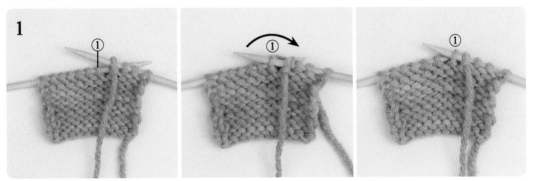

编织4针上针后，像编织上针一样把下一针滑到右棒针上。

把线绕到织物后面。

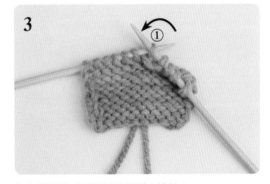

把右棒针滑过的那针移回到左棒针上。

把线再拉到织物前面，翻转织物。

编织4针下针。

× 在下针行整理包针引返针脚的方法

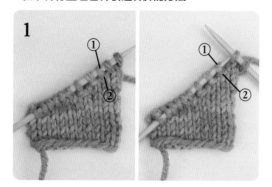

编织2针下针。

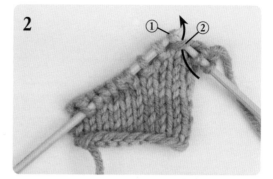

将右棒针从下向上插入②（包针引返的线圈）。

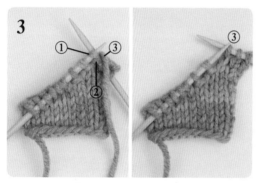

同时插入①的线圈，2针一起编织下针。

整理所有包针引返的针脚。

× **在上针行整理包针引返针脚的方法**

在编织2针上针后，用右棒针从后方从下向上插入②（包针引返的线圈）。

同时插入①的线圈，2针一起编织上针。

整理所有包针引返的针脚。

收针及织片缝合

收针 cast off

在下针面用下针收针，在上针面用上针收针。在收针时如果线拉得太紧，会导致织物末端收缩。

编织2针下针。

将左棒针从左向右插入第1针。

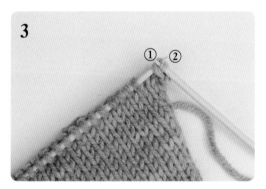

挑起第1针套在第2针上。

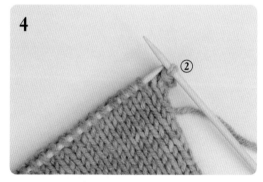

退出左棒针，完成1针收针。

5

下一针编织下针。

6

将第2针套在第3针上。

7

重复以上操作完成所有针的收针。

抽绳法收针 b&t tightly

留足量线尾，穿上毛线缝针，从所有线圈中一次性穿过，拉紧毛线。

×线圈挂在棒针上时

留足量线尾，穿上毛线缝针。

将毛线缝针反向穿过所有线圈。

待毛线缝针穿过所有线圈后，拉紧毛线收针。

从起针行收针

将起针留的线尾穿上毛线缝针，按照箭头方向入针。

× **下针的时候**

× **上针的时候**

I-Cord收针 I-Cord bind off

I-Cord收针会形成略厚的边缘。厚度可以根据加针数量调节。

增加2针。

编织2针下针。

像编织下针一样,将下一针滑到右棒针上。

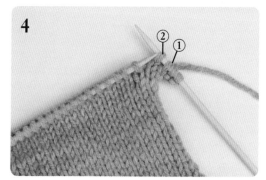

编织1针下针。

将之前滑过的那针挑起套在刚编织的那针上。

6

将右棒针上所有线圈移回左棒针上。

7

重复步骤2~6到行末端。最后剩下3针，将线尾穿上毛线缝针，一次性穿过3个线圈，完成收针。

I-Cord边框 I-Cord edging

收针后的织物的边缘，用有厚度感的边框装饰。本书在编织花片时使用I-Cord边框装饰。

将棒针穿过沉环之间的空隙。

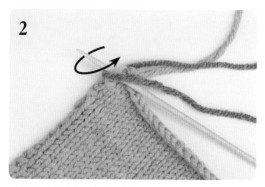

把用于编织边框的线，像编织下针一样挂在针上。

挑出线圈，完成1针。

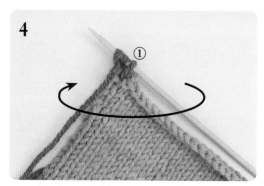

加2针后，转动棒针。

将棒针上所有的线圈都移到棒针左侧。

将棒针插入下一个沉环之间的空隙。像编织下针一样挂线。

将刚刚挂上的线引出，完成1针。

把棒针上的所有线圈都移到棒针的右侧。

编织2针下针。

像编织下针一样，将线圈①滑到右棒针上。

编织1针下针。

将滑过的线圈挑起套在刚编织的那针上。

13

将棒针插入第3个沉环之间的空隙，像编织下针一样将线挂在针上。

14

挑出1针。

15

把棒针上的所有线圈都移到棒针的右侧。

16

重复步骤9~15到行末端。

17

行末端编织3针下针。

在转角最后的线圈处挑出1针，和旁边3针一起按照步骤9~15继续编织。

在最后的边角处编织3针下针，留出10cm左右的线尾，断线。

用毛线缝针穿线，一次性穿过所有线圈。

如图所示，用毛线缝针将线圈连接起来。3针都用同样的方法处理。

把线尾藏在边框内，收尾完成。

织片缝合 seaming

介绍织物行和行缝合、针和针缝合的方法。

✕ 平针织物行和行的缝合

平针织物行对齐缝合使用的方法。

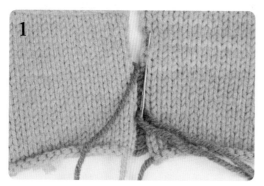

将织片正面对齐放好，以1针或2针间距缝合织片。

按照固定的间距缝合。拉线的时候不要太用力，以防织物歪斜。

✕ 平针织物针和针的缝合

是连接开始行和结尾行边缘时使用的方法。开始行是∨形针脚，结尾行是∧形针脚。

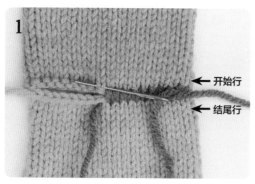

← 开始行
← 结尾行

将织物的开始行和结尾行上下放好，开始行是∨形针脚，结尾行是∧形针脚，反复将线穿过针脚缝合。

缝合针脚的时候，注意不要因为用力拉线导致缝合位置变窄。

× 起伏针织片的缝合
将毛线通过一侧针脚上面和另一侧针脚下面交替缝合的方法。

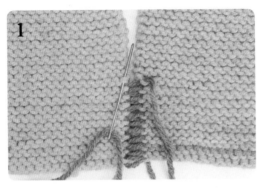

织片正面朝上并排放好，将线穿过一侧针脚上面和另一侧针脚下面交替进行缝合。

以一定的间隔拉线抽紧，完成缝合。注意不要太过用力拉线，否则会导致织物歪斜。

要点

当花片歪斜或扭曲时，可以用蒸汽熨斗加热后左右上下拉来调整织物。或者用珠针将四个角固定晾干，有助于矫正形状。

组装与装饰

在编织玩偶的过程中，将多片织物缝合，填充棉花后进行造型，增加玩偶的脸部立体感。
利用刺绣技法让眼睛凹进去，或者勒出嘴型体现立体感，制作胡须和鼻子，添加装饰要素。

填充棉花

考虑到玩偶的形态，用翻里钳填充棉花，编织玩偶最佳的填充量是以不拉伸编织物的针脚为准。填好棉花后，用双
手轻轻揉搓，使作品均匀饱满。

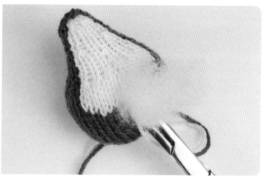

用翻里钳填充棉花。

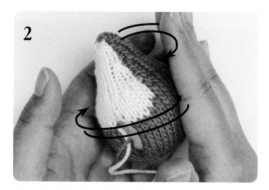

用双手轻轻揉搓，使作品均匀饱满。

组装

填充棉花后，用珠针把填好的身体和耳朵临时固定在相应位置，然后用毛线缝针连接好。

用珠针标记狐狸的头部中心。

留出2针的间隔，用珠针固定耳朵。

用编织耳朵的线尾穿上毛线缝针，与脸上的∧形针脚缝合。

穿过耳朵的∨形针脚。

重复步骤3、4，把耳朵缝合到脸上。

重复步骤3~5，用同样的方法将另一只耳朵缝合到脸上。

把线尾插入头部，从远处穿出，剪断整理。

立体效果

为了强调凹凸感，或者为了表现特定部分的立体感，需要使劲拉线。

× 通过拉线的方法塑造立体感

将毛线缝针穿上线，如图所示依次穿过半针疏缝。

拉紧毛线后，形成凹陷的形状。

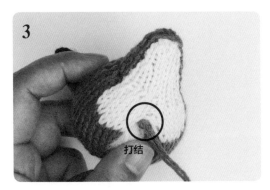

将线打结，塞入内侧。整理作品。

将毛线缝针穿上线，按照①~④的顺序依次穿过双眼周围。然后回到第1次入针的地方出针。记得在一开始预留出足量的线。

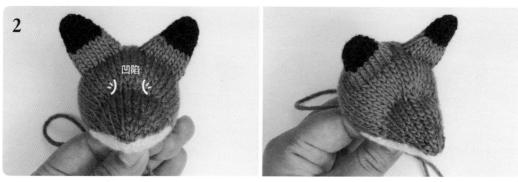

拉紧两根线，使眼睛凹陷进去。

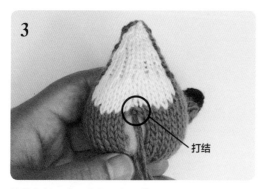

将线打结，塞入内侧。整理作品。

制作胡须

取4股毛线，穿上毛线缝针，从两颊确定好的胡须位置穿过，用剪刀剪掉多余线头，表现出胡须。

1

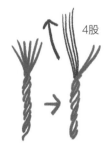

2

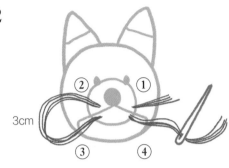

3

1 从20cm的线中抽出4股。

2 将毛线缝针穿过两颊确定好的胡须位置。从①开始依次穿过，在开始处留出1.5cm左右的线尾，在②、③之间留出3cm线圈。

3 从线圈中间剪开，线尾留1.5cm，胡须完成。

制作迷你毛线球

可以做玩偶的鼻子。把线绕成一个圆球，留足量余线后剪断，用毛线缝针带线从球的各处穿过，固定形状。

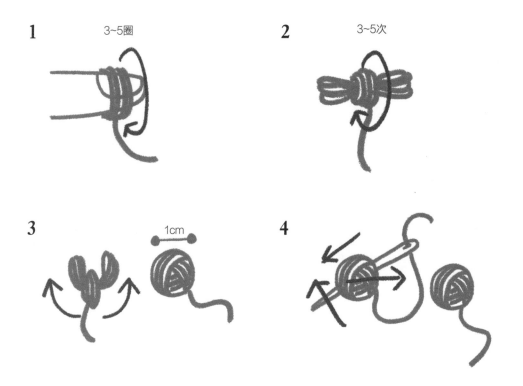

1 在食指上缠绕3~5圈。

2 退出手指后，在线圈中间部分缠绕3~5圈。

3 将两侧的线圈向中间折叠，绕成1cm左右的圆球。

4 留足量余线后剪断，用毛线缝针带线从球的各个部位穿过，固定形状。

制作迷你毛绒球

可以做玩偶的尾巴。把线缠绕在手指上并绕圈，修剪成圆形。

1

25~30圈

2

3

1 在两个手指上缠绕25~30圈。

2 抽出手指，在中间位置绑线。用黏合剂固定打结部分使其更加结实。

3 修剪成2cm大小的毛绒球。根据绕线圈数和长短的不同，毛绒球的尺寸也有所不同。

编织线的收尾

为了缝合方便，在开始和收尾时，需要留出足够的线尾。

× 编织线的收尾1

将线尾多次穿过周围的针脚，完成收尾的方法。因为没有打结，织物的背面也很平整。

将线尾穿入缝针，进行藏线。

× 编织线的收尾2

简单的打结收尾的方法。适用于编织身体或即使打结导致织物稍微变厚也不受影响的作品。

将线尾打结，剪掉长线头。

× 编织线的收尾3

织片缝合后，缝份部分进行卷针缝的方法。这种收尾方式主要使用在连接花片或者编织玩偶时。

在织物背面的缝份上，进行几次卷针缝后，整理线头。

刺绣技法

眼、鼻、嘴等细节可以用刺绣技法表现出来。这本书使用了直线绣、法式结、缎绣、菊叶绣。

直线绣

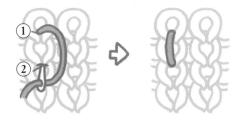

法式结

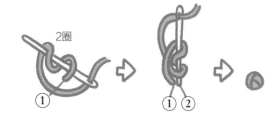

缎绣

菊叶绣

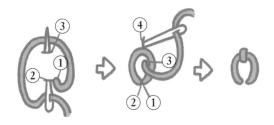

制作线圈

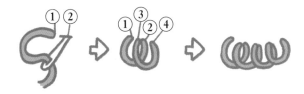

刺绣应用案例

× 熊嘴（直线绣）

直线绣

× 狐狸眼睛（法式结）

法式结

× 狐狸鼻子（缎绣）

缎绣

× 果实的柄（菊叶绣）

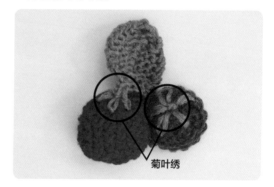

菊叶绣

× 土地精灵的胡子（制作线圈）

制作线圈

第 3 章

× × × ×

花片编织

编织花片时，可以一边熟悉编织图一边享受编织的过程。

先编织一片一片的花片，再按照自己想要的尺寸把它们连接起来，

可以做成包包、毛毯、抱枕等。

✅ 要点

× 在确认第12页"如何看懂编织讲解"中的"编织图要点"的内容后进行编织。

× 毛线的颜色使用固定的字母表示（例如"C"代表"棕色"）。

× 相同的图案也要先确认好针数和行数后，再进行编织。

× 如果是单色的织片，确认代表颜色的字母和所在位置后再进行连接。

× 本书使用的cozy wool毛线中混合了五种颜色的线。

基础练习：迷你杯垫

用最基本的平针练习编织花片。用几片单色织片也可以制作靠垫、毯子和包袋。

初次动手编织的读者请一步一步按顺序练习。

难易度
★

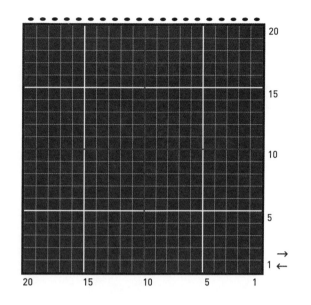

× 准备

线 ■ C cozy wool 棕色（K1892）26g

材料和工具 4mm棒针，毛线缝针，剪刀

编织密度 16针×22行（10cm×10cm）

尺寸 14cm×13cm

难度系数 ★

使用针法 平针编织

● **参考笔记** 收针时，要注意如果拉线过于用力，容易导致边缘抽紧。

制作方法

参照编织图，用C线起20针。

编织下针完成第1行。

3

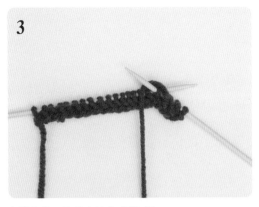

翻转织片，编织上针完成第2行。

4

到第20行为止，奇数行编织下针，偶数行编织上针。

5

先编织2针下针，将第1针挑下并套在第2针上，完成1针收针。

6

将所有针按照步骤5同样的方式收针。

7

留大概20cm左右的线尾，然后剪断，将线尾从最后的线圈里穿过，完成。

要点

计算平针编织的针数和行数

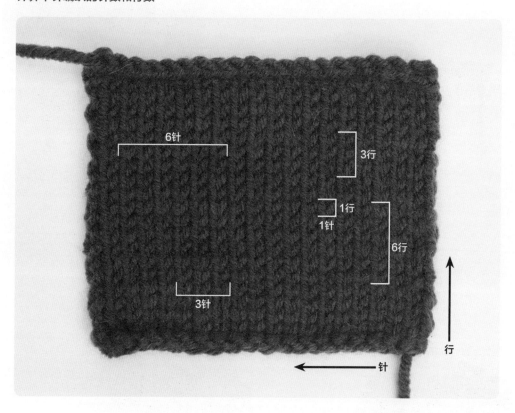

6针

3行

1行
1针

6行

3针

行

针

制作有边框的迷你杯垫

平针编织的织物通常四周会卷起来，而使用I-Cord编织边缘会避免这种情况发生。这里介绍了在四周使用I-Cord边框的编织方法。

× **使用技法：** 平针编织，I-Cord收针，I-Cord边框。

收尾方法

参照编织图编织到第20行，不收针。

在第20行用I-Cord收针。

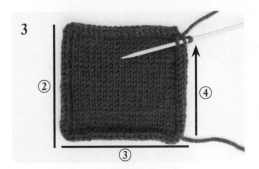

其他三面也用I-Cord边框编织。

行末端留3针，留出足够长的线尾，剪掉多余的线，用毛线缝针穿过线圈，完成边框装饰。

将多余的线穿过边框中间，进行藏线。

缝上编织好的狐狸、塔树和蘑菇进行装饰。

狐狸脸随身小包

用平针编织2片织片。
将织片三边对齐缝合，在剩下的一边安装拉链。

难易度
★★

随身小包前片

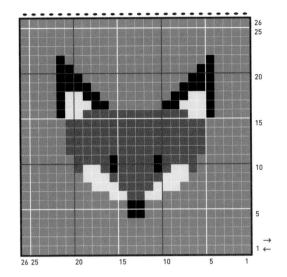

随身小包后片

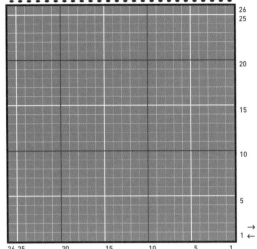

✗ **准备**　　线 ☐ D cozy wool 象牙色（K025）2g
　　　　　　　■ E cozy wool 黑色（K940）2g
　　　　　　　■ L nako 松石绿色（23322）50g
　　　　　　　■ O cozy wool 印第安橘色（K1210）5g

　　　　　材料和工具　4mm棒针，毛线缝针，剪刀，珠针，15.5cm×29cm里布1片，普通缝针和线，
　　　　　　　　　　　24cm拉链，水彩笔，尺

　　　　　编织密度　16针×22行（10cm×10cm）

　　　　　尺寸　14.5cm×12cm

✗ **使用针法**　　平针编织，嵌花花样编织，织片缝合

● **参考笔记**　　1 注意不要使嵌花花样连接处的线圈松散，否则可能会出现洞孔。
　　　　　　　2 虽然可以使用费尔岛花样编织，但是不熟悉该编织技法时，编织效果可能会受影响，所以建议初学者
　　　　　　　　用嵌花花样技法进行编织。

收尾方法

1

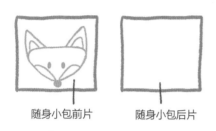

随身小包前片　　　　随身小包后片

2

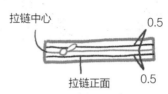

拉链中心

0.5

拉链正面

0.5

3

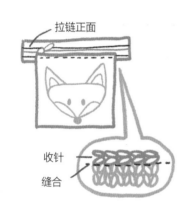

拉链正面

收针

缝合

4

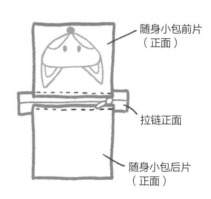

随身小包前片（正面）

拉链正面

随身小包后片（正面）

5

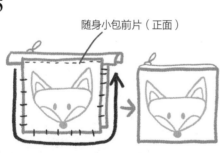

随身小包前片（正面）

6

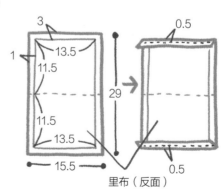

3

1

13.5

11.5

29

11.5

13.5

15.5

里布（反面）

0.5

0.5

7

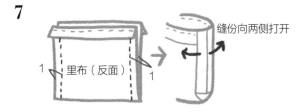

里布（反面）　1　　1　缝份向两侧打开

8

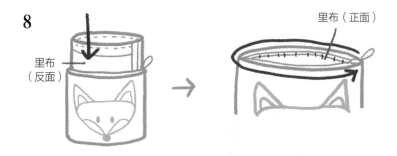

里布（反面）　里布　里布（正面）

1 参考编织图准备随身小包的前片、后片。

2 在拉链正面标记出距离中心0.5cm的线。

3 将随身小包前片放在拉链正面上，收针处对齐拉链上标记的线，和拉链一起缝合。

4 后片也按照步骤3相同的方法和拉链缝合。

5 除了拉链部分，将剩下的三边缝合。拉链的两端放入随身小包内侧进行整理。

6 里布上、下分别留出3cm缝份内折，间隔0.5cm进行疏缝。

7 将里布的正面相对对折，两侧各留出1cm缝份进行缝合。缝份向两侧打开。

8 里布放入随身小包内侧，缝合里布和拉链，完成作品。

花朵手提包

重复花朵图案的手提包。用环形针尝试编织大尺寸的编织物。
购买环形针的时候，根据作品的尺寸选择连接管的长度。

难易度
★★

手提包正面　　　　　　　　　　　　　　　　**手提包的把手**

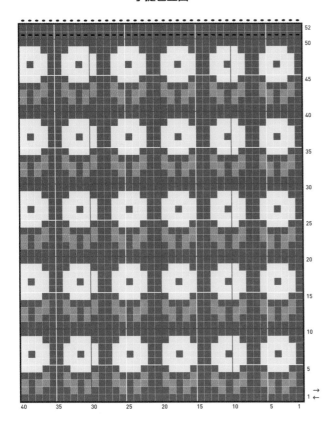
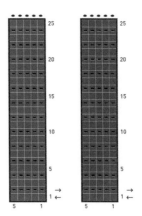

× **准备**　　线 ■ G cozy wool 混合绿色（H1874）10g

　　　　　　　　□ P punto 淡柠檬色（M371）20g

　　　　　　　　■ Q cozy wool 复古蓝色（K1533）60g

　　　　　　　　■ V cozy wool 深灰色（K1003）80g

　　　　　材料和工具 4mm环形针（60cm），毛线缝针，剪刀，珠针，30cm×31.5cm里布1片，普通缝针
　　　　　　　　和线

　　　　　编织密度 16针×22行（10cm×10cm）

　　　　　尺寸 34cm×32cm

× **使用技法**　　平针编织，起伏针，费尔岛花样编织，织片缝合

● **参考笔记**　　编织时，为了使织物平整，适当调整线的张力是非常重要的。

收尾方法

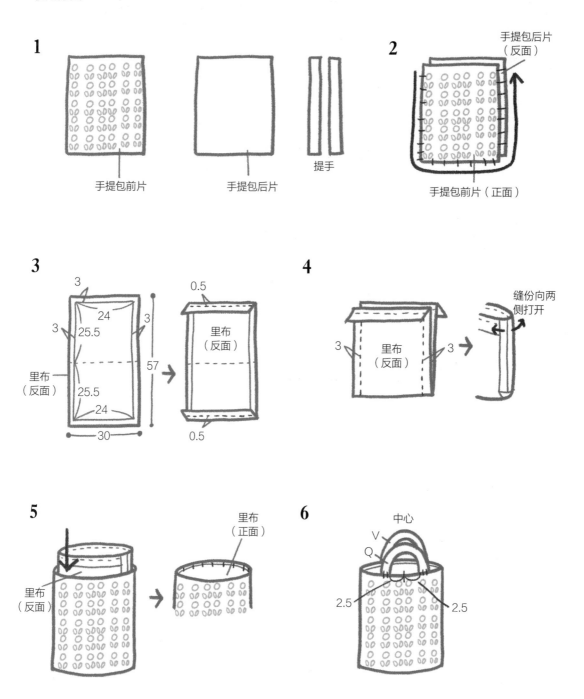

1

手提包前片

手提包后片

提手

2

手提包后片（反面）

手提包前片（正面）

3

3

24

3

25.5

3

里布（反面）

57

25.5

24

30

0.5

里布（反面）

0.5

4

3

里布（反面）

3

缝份向两侧打开

5

里布（反面）

里布（正面）

6

中心

V

Q

2.5

2.5

1 参考编织图，编织手提包的前片和提手。后片用V线，按照前片图纸单色编织。

2 将手提包的前片和后片的反面相对，缝合织片三个侧边。

3 里布的上、下分别留出3cm缝份内折，间隔0.5cm进行疏缝。

4 将里布的正面相对对折，两侧各留出3cm缝份进行缝合。缝份向两侧打开。

5 将里布放入手提包内，缝合里布和手提包内侧。

6 确认手提包前后的颜色后，将提手固定到包上，完成。

狐狸靠垫

不需要安装拉链的狐狸靠垫，是可以轻松完成的编织作品。

织片完成后会稍宽一些，适配40cm×40cm大小的填充棉内芯。

难易度
★★

狐狸靠垫正面

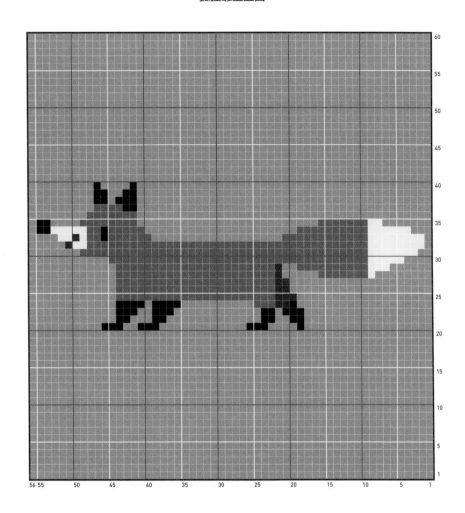

× 准备　　　线 ■ C cozy wool 棕色（K1892）1g
　　　　　　　　　□ D cozy wool 象牙色（K025）3g
　　　　　　　　　■ E cozy wool 黑色（K940）3g
　　　　　　　　　■ O cozy wool 印第安橘色（K1210）20g
　　　　　　　　　■ R cozy wool 米黄色（K885）80g
　　　　　　　　　■ W cozy wool 印第安深绿（K1480）100g

材料和工具 4mm环形针（60cm），毛线
　　　　　　缝针，剪刀，40cm×40cm
　　　　　　填充棉内芯

编织密度 14针×18行（10cm×10cm）

尺寸 40cm×35cm

× 使用技法　平针编织，嵌花花样编织，费尔岛花样编织，织片缝合

● 参考笔记　1 编织时，为了使织物平整，适当调整线的张力是非常重要的。
　　　　　　2 注意不要使嵌花花样连接处的线圈松散，否则可能会出现洞孔。
　　　　　　3 缝合织片和收针时，注意不要用力拉线导致织物收紧。

收尾方法

1
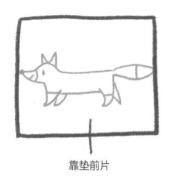

靠垫前片

2
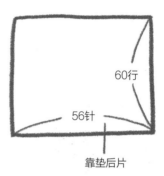

60行

56针

靠垫后片

3
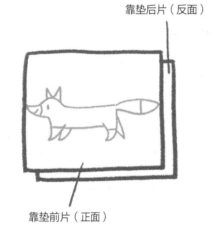

靠垫后片（反面）

靠垫前片（正面）

4
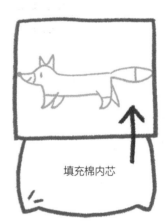

填充棉内芯

1 参考编织图准备1片靠垫前片（靠垫正面）。

2 用W线，平针编织出56针×60行的靠垫后片。

3 缝合平针编织完成的靠垫三边。

4 放入填充棉内芯后，缝合靠垫底边。

× 05 ×

蒲公英靠垫

由单色花片和几个提花花片组合而成的可爱靠垫。

可自由排放织片，完成作品。

难易度
★★

× **准备**　　线 ■ A cozy wool 混合黄绿（H1874）16g

　　　　　　　■ B nako 南瓜色（23689）40g

　　　　　　　■ C cozy wool 棕色（K1892）65g

　　　　　　　□ D cozy wool 象牙色（K025）10g

　　　　　　　■ G cozy wool 混合绿色（H1874）35g

　　　　　　　■ H cozy wool 混合深绿（H1874）3g

　　　　　　　▨ J cozy wool 浅粉色（K1873）32g

　　　　　　　■ L nako 松石绿色（23322）32g

　　　　　　　■ O cozy wool 印第安橘色（K1210）1g

　　　　　　　□ P punto 淡柠檬色（M371）32g

　　　　　　　■ Q cozy wool 复古蓝色（K1533）65g

　　　　　　　▨ S punto 印第安豆绿（448）16g

　　　　　　　■ T cozy wool 混合深粉（H1876）32g

　　　　材料和工具 4mm棒针和环形针（60cm），毛线缝针，剪刀，珠针，普通缝针和线，40cm拉
　　　　　　链，35cm×35cm填充棉内芯，水消笔，尺

　　　　编织密度 16针×22行（10cm×10cm）

　　　　尺寸 24cm×32cm

× **使用技法**　　平针编织，嵌花花样编织，费尔岛花样编织，织片缝合

● **参考笔记**　　1 编织时，为了使织物平整，适当调整线的张力是非常重要的。

　　　　　　2 注意不要使嵌花花样连接处的线圈松散，否则可能会出现洞孔。

　　　　　　3 缝合织片和收针时，注意不要用力拉线导致织物收紧。

　　　　　　4 如果是单色织片，用符号标示线连接织片时，确认符号和位置。

蒲公英靠垫前片

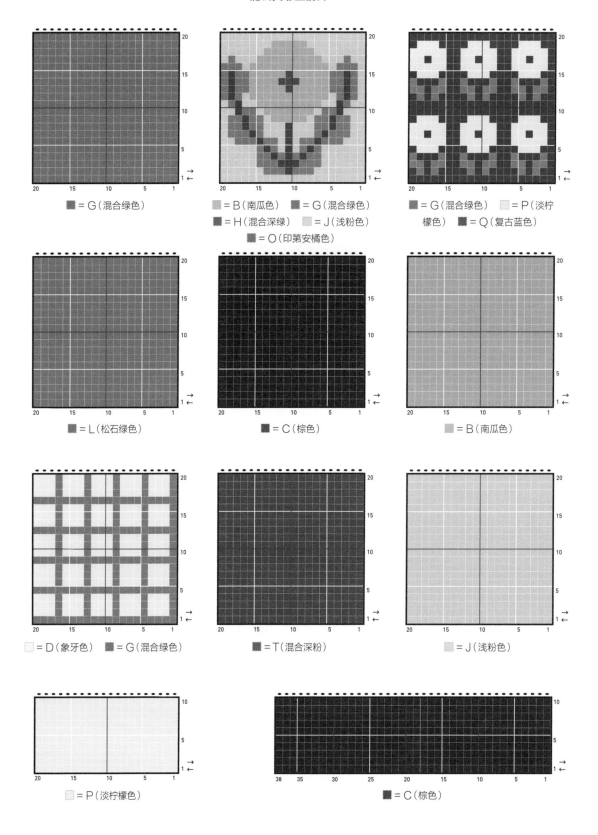

■ = G（混合绿色）

■ = B（南瓜色）　■ = G（混合绿色）
■ = H（混合深绿）　□ = J（浅粉色）
■ = O（印第安橘色）

■ = G（混合绿色）　□ = P（淡柠
檬色）　■ = Q（复古蓝色）

■ = L（松石绿色）

■ = C（棕色）

■ = B（南瓜色）

□ = D（象牙色）　■ = G（混合绿色）

■ = T（混合深粉）

■ = J（浅粉色）

□ = P（淡柠檬色）

■ = C（棕色）

蒲公英靠垫后片

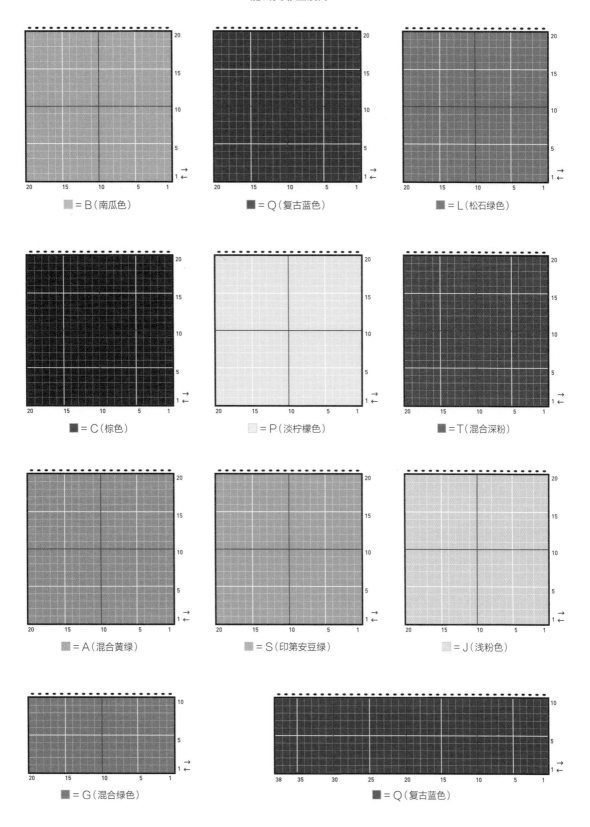

■ = B（南瓜色）

■ = Q（复古蓝色）

■ = L（松石绿色）

■ = C（棕色）

■ = P（淡柠檬色）

■ = T（混合深粉）

■ = A（混合黄绿）

■ = S（印第安豆绿）

■ = J（浅粉色）

■ = G（混合绿色）

■ = Q（复古蓝色）

收尾方法

2

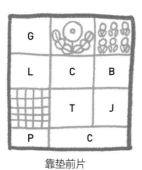

靠垫前片

3

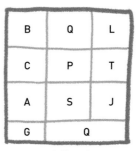

靠垫后片

4

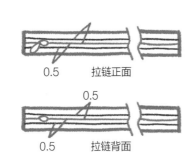

0.5　拉链正面

0.5

0.5　拉链背面

5

靠垫前片（正面）

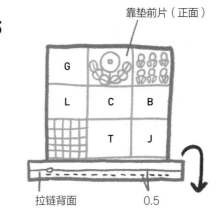

拉链背面　　　　　0.5

6

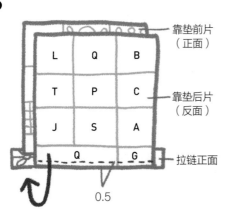

靠垫前片
（正面）

靠垫后片
（反面）

拉链正面

0.5

7

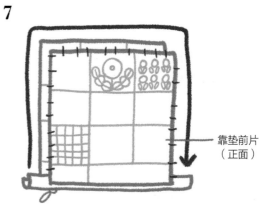

靠垫前片
（正面）

8

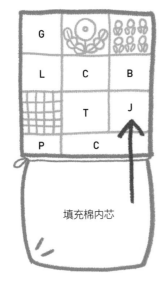

填充棉内芯

1 参考编织图准备22张织片。

2 参考图示排列织片，连接各织片完成靠垫前片。

3 参考图示排列织片，连接各织片完成靠垫后片。

4 在拉链正面和背面标记出距离中心0.5cm的线。

5 将拉链背面放在靠垫前片上，按照拉链上标记的线进行缝合后，将拉链翻到正面。

6 将拉链正面和靠垫后片对齐拉链上标记的线进行缝合，然后将靠垫前片和后片的反面相对。

7 缝合前后片的另外三边。将拉链的两端放入靠垫内侧进行整理。

8 塞入填充棉内芯，完成靠垫。

× 06 ×

森林动物朋友靠垫

将森林主题的多个织片缝合起来制作的靠垫。后片可以用单色编织74针×104行，
或者用与靠垫前片相同的图案再编织一片。请选择喜欢的方法完成作品。

难易度
★★

× 准备　　线　▨ A cozy wool 混合黄绿（H1874）24g

▨ B nako 南瓜色（23689）28g

■ C cozy wool 棕色（K1892）250g

☐ D cozy wool 象牙色（K025）30g

■ E cozy wool 黑色（K940）16g

▨ F nako 深象牙色（23688）20g

▨ G cozy wool 混合绿色（H1874）30g

■ H cozy wool 混合深绿（H1874）5g

■ I cozy wool 红色（K150）40g

▨ J cozy wool 浅粉色（K1873）10g

■ K wool tima 印第安粉色（2276）1g

■ L nako 松石绿色（23322）16g

■ M mode2 深驼色（106）10g

■ N milk 深棕色（07）1g

■ O cozy wool 印第安橘色（K1210）32g

▨ P punto 淡柠檬色（M371）6g

■ Q cozy wool 复古蓝色（K1533）10g

▨ R cozy wool 米黄色（K885）32g

材料和工具　4mm棒针和环形针（60cm），毛线缝针，剪刀，珠针，普通缝针和线，50cm拉链，45cm×45cm填充棉内芯，水消笔，尺

编织密度　16针×22行（10cm×10cm）

尺寸　46cm×46cm

× 使用技法　平针编织，嵌花花样编织，费尔岛花样编织，织片缝合

➡ 参考笔记　1 编织时，为了使织物平整，适当调整线的张力是非常重要的。

2 注意不要使嵌花花样连接处的线圈松散，否则可能会出现洞孔。

3 缝合织片和收针时，注意不要用力拉线导致织物收紧。

4 如果是单色织片，用符号标示线连接织片时，确认符号和位置。

靠垫前片

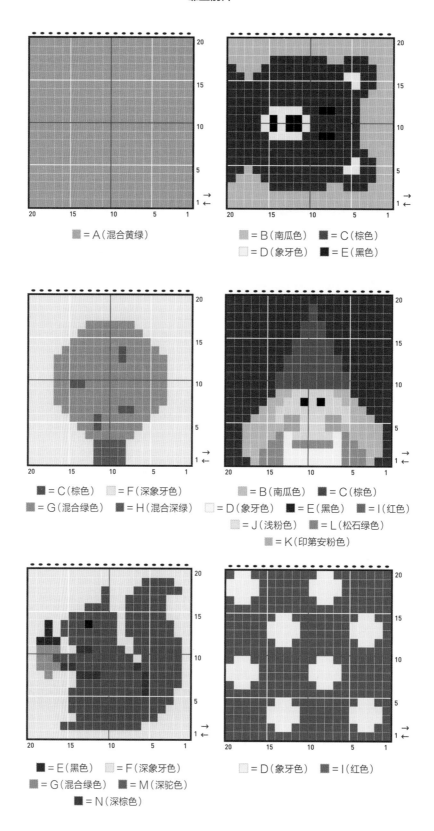

■ = A（混合黄绿）

■ = B（南瓜色）　■ = C（棕色）
□ = D（象牙色）　■ = E（黑色）

■ = C（棕色）　□ = F（深象牙色）
■ = G（混合绿色）　■ = H（混合深绿）

▨ = B（南瓜色）　■ = C（棕色）
□ = D（象牙色）　■ = E（黑色）　■ = I（红色）
▨ = J（浅粉色）　■ = L（松石绿色）
■ = K（印第安粉色）

■ = E（黑色）　□ = F（深象牙色）
■ = G（混合绿色）　■ = M（深驼色）
■ = N（深棕色）

□ = D（象牙色）　■ = I（红色）

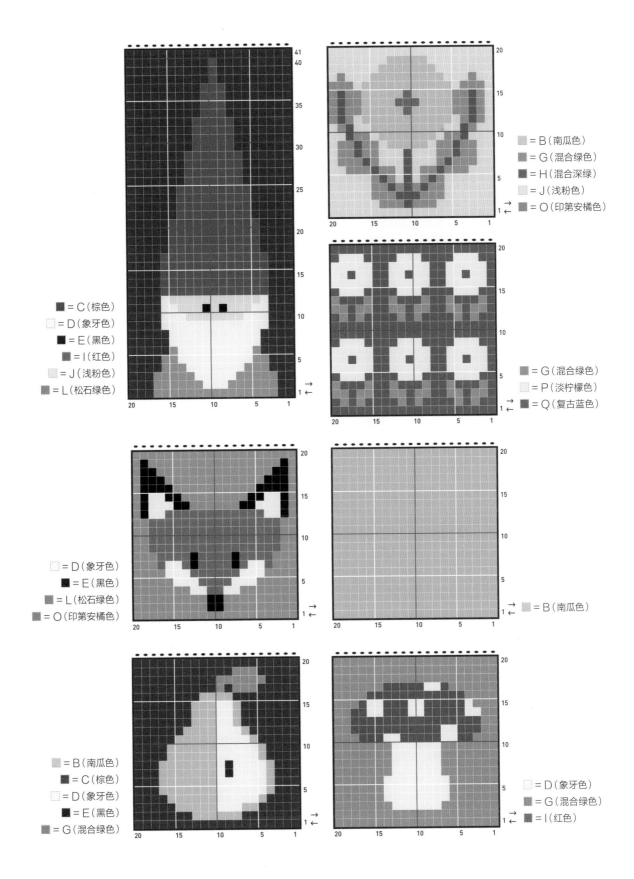

■ = C（棕色）
□ = D（象牙色）
■ = E（黑色）
■ = I（红色）
■ = J（浅粉色）
■ = L（松石绿色）

■ = B（南瓜色）
■ = G（混合绿色）
■ = H（混合深绿）
■ = J（浅粉色）
■ = O（印第安橘色）

□ = D（象牙色）
■ = E（黑色）
■ = L（松石绿色）
■ = O（印第安橘色）

■ = G（混合绿色）
□ = P（淡柠檬色）
■ = Q（复古蓝色）

■ = B（南瓜色）

■ = B（南瓜色）
■ = C（棕色）
□ = D（象牙色）
■ = E（黑色）
■ = G（混合绿色）

□ = D（象牙色）
■ = G（混合绿色）
■ = I（红色）

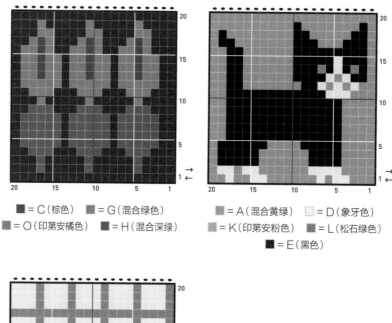

■=C（棕色）　■=G（混合绿色）
■=O（印第安橘色）　■=H（混合深绿）

■=A（混合黄绿）　□=D（象牙色）
■=K（印第安粉色）　■=L（松石绿色）
■=E（黑色）

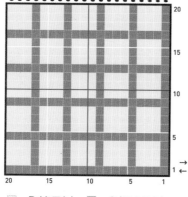

□=D（象牙色）　■=G（混合绿色）

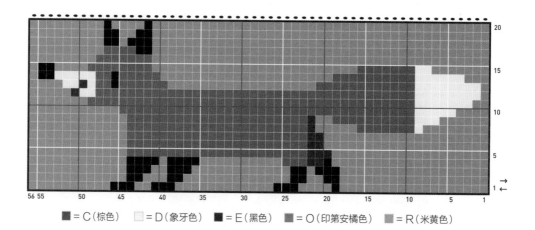

■=C（棕色）　□=D（象牙色）　■=E（黑色）　■=O（印第安橘色）　■=R（米黄色）

收尾方法

2

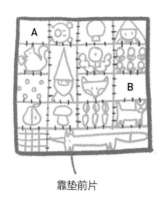

靠垫前片

3

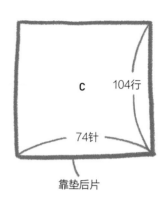

C

104行

74针

靠垫后片

4

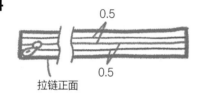

0.5

0.5

拉链正面

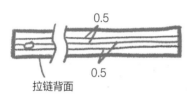

0.5

0.5

拉链背面

5

靠垫前片

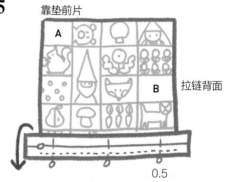

A

B

拉链背面

0.5

6

靠垫前片（正面）

靠垫后片（反面）

0.5

7

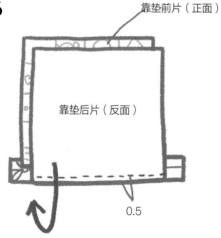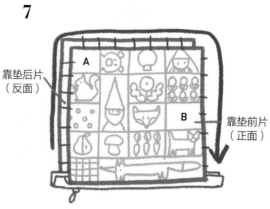

A

靠垫后片
（反面）

B

靠垫前片
（正面）

8

填充棉内芯

1 参考编织图准备17片织片。

2 参考图示排列织片，连接各织片完成靠垫前片。

3 用C线平针编织75针×104行完成靠垫后片。

4 在拉链正面和背面标记出距离中心0.5cm的线。

5 将拉链背面放在靠垫前片上，按照拉链上标记的线进行缝合后，将拉链翻到正面。

6 将拉链正面和靠垫后片对齐拉链上标记的线进行缝合，然后将靠垫前片和后片的反面相对。

7 缝合前后片的另外三边。将拉链的两端放入靠垫内侧进行整理。

8 塞入填充棉内芯，完成靠垫。

森林动物朋友毯子

将每个织片都连接起来，然后用I-Cord边框编织完成织物的装饰边缘。

虽然织物边缘的整理方法有很多种，但是使用这种将边缘包裹起来的方法，可以让边缘更加饱满。

难易度
★★★

× **准备**　线 ▨ A cozy wool 混合黄绿（H1874）24g

　　　　　　 ▨ B nako 南瓜色（23689）44g

　　　　　　 ■ C cozy wool 棕色（K1892）166g

　　　　　　 □ D cozy wool 象牙色（K025）56g

　　　　　　 ■ E cozy wool 黑色（K940）18g

　　　　　　 ▨ F nako 深象牙色（23688）30g

　　　　　　 ■ G cozy wool 混合绿色（H1874）52g

　　　　　　 ■ H cozy wool 混合深绿（H1874）17g

　　　　　　 ■ I cozy wool 红色（K150）40g

　　　　　　 ▨ J cozy wool 浅粉色（K1873）10g

　　　　　　 ■ K wool tima 印第安粉色（2276）1g

　　　　　　 ■ L nako 松石绿色（23322）26g

　　　　　　 ■ M mode2 深驼色（106）10g

　　　　　　 ■ N milk 深棕色（07）1g

　　　　　　 ■ O cozy wool 印第安橘色（K1210）54g

　　　　　　 □ P punto 淡柠檬色（M371）12g

　　　　　　 ■ Q cozy wool 复古蓝色（K1533）20g

　　　　　　 ▨ R cozy wool 米黄色（K885）32g

　　　材料和工具　5mm棒针和环形针（60cm），毛线缝针，剪刀，珠针，81.5cm×61cm里布1片，普通
　　　　　　缝针和线

　　　编织密度　16针×22行（10cm×10cm）

　　　尺寸　75.5cm×55cm

× **使用技法**　平针编织，嵌花花样编织，费尔岛花样编织，织片缝合，I-Cord边框

● **参考笔记**　1 编织时，为了使织物平整，适当调整线的张力是非常重要的。

　　　　　　2 注意不要使嵌花花样连接处的线圈松散，否则可能会出现洞孔。

　　　　　　3 缝合织片和收针时，注意不要用力拉线导致织物收紧。

　　　　　　4 编织I-Cord边框时，注意拉线。

　　　　　　5 毯子背面用布缝合，将线尾打结，以免散开。

　　　　　　6 如果是单色织片，用符号标示线连接织片时，确认符号和位置。

毯子图案

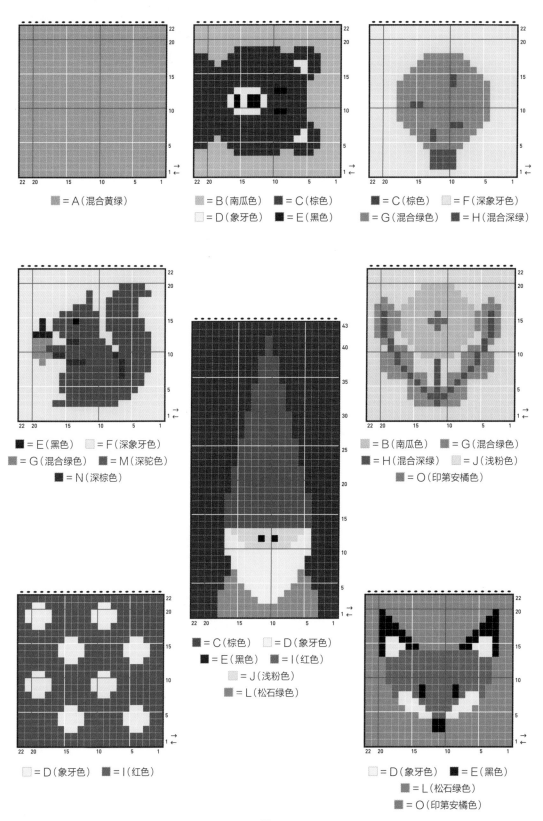

■ = A（混合黄绿）

■ = B（南瓜色）　　■ = C（棕色）
□ = D（象牙色）　　■ = E（黑色）

■ = C（棕色）　　□ = F（深象牙色）
■ = G（混合绿色）　　■ = H（混合深绿）

■ = E（黑色）　　□ = F（深象牙色）
■ = G（混合绿色）　　■ = M（深驼色）
■ = N（深棕色）

■ = B（南瓜色）　　■ = G（混合绿色）
■ = H（混合深绿）　　□ = J（浅粉色）
■ = O（印第安橘色）

■ = C（棕色）　　□ = D（象牙色）
■ = E（黑色）　　■ = I（红色）
□ = J（浅粉色）
■ = L（松石绿色）

□ = D（象牙色）　　■ = I（红色）

□ = D（象牙色）　　■ = E（黑色）
■ = L（松石绿色）
■ = O（印第安橘色）

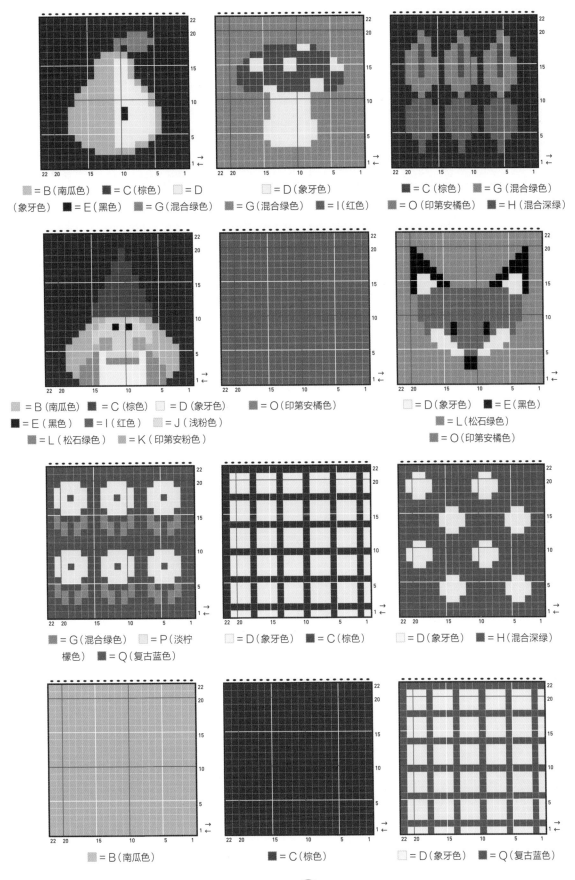

■=B（南瓜色）　■=C（棕色）　□=D
（象牙色）　■=E（黑色）　■=G（混合绿色）

□=D（象牙色）
■=G（混合绿色）　■=I（红色）

■=C（棕色）　■=G（混合绿色）
■=O（印第安橘色）　■=H（混合深绿）

■=B（南瓜色）　■=C（棕色）　□=D（象牙色）　■=O（印第安橘色）
■=E（黑色）　■=I（红色）　□=J（浅粉色）
■=L（松石绿色）　■=K（印第安粉色）

□=D（象牙色）　■=E（黑色）
■=L（松石绿色）
■=O（印第安橘色）

■=G（混合绿色）　□=P（淡柠
檬色）　■=Q（复古蓝色）

□=D（象牙色）　■=C（棕色）

□=D（象牙色）　■=H（混合深绿）

■=B（南瓜色）

■=C（棕色）

□=D（象牙色）　■=Q（复古蓝色）

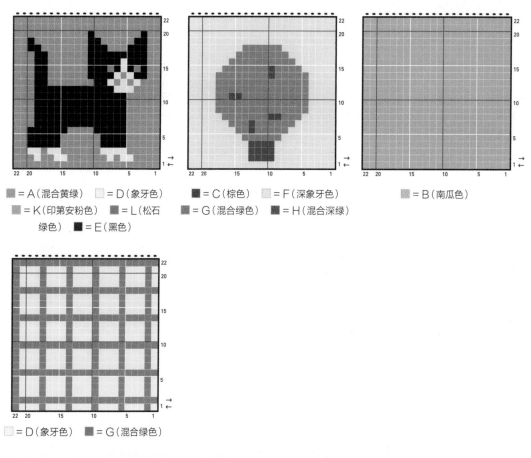

■=A（混合黄绿） □=D（象牙色）　　　■=C（棕色） □=F（深象牙色）　　　■=B（南瓜色）

■=K（印第安粉色） ■=L（松石　　　■=G（混合绿色） ■=H（混合深绿）

绿色） ■=E（黑色）

□=D（象牙色） ■=G（混合绿色）

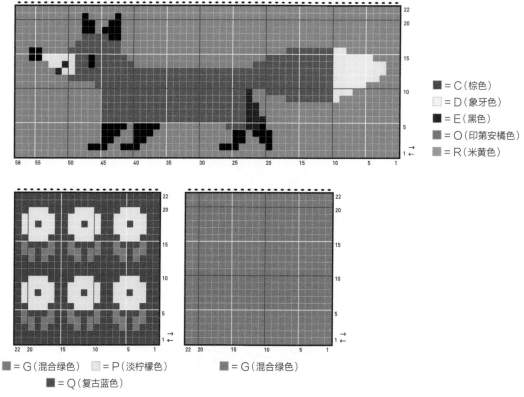

■=C（棕色）

□=D（象牙色）

■=E（黑色）

■=O（印第安橘色）

■=R（米黄色）

■=G（混合绿色） □=P（淡柠檬色）　　　■=G（混合绿色）

■=Q（复古蓝色）

×制作方法×

收尾方法

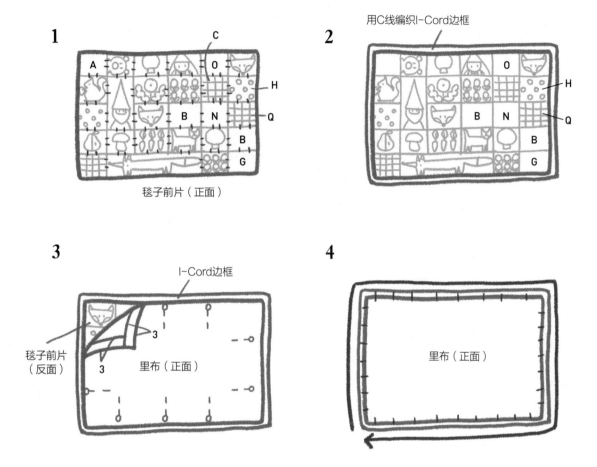

1 参考编织图准备27片织片。参考图示排列织片，连接各织片完成毯子前片和后片。

2 用C线在四周编织I-Cord边框。整理背面线头（参考P54 I-Cord边框编织）。

3 里布留3cm缝份后折好，用珠针将里布和毯子前片四周固定。

4 将里布和毯子前片、后片缝合。

第 4 章

× × × ×

玩偶编织

能够看懂编织图和编织说明，就能享受编织小巧玲珑的玩偶的快乐了。

也可将小玩偶制作成胸针、手指娃娃、钥匙圈、

花环、圣诞节装饰、风铃等小饰品。

⊘ 要点

× 玩偶的制作方法使用"编织说明"进行讲解。

× 确认第14页的"编织说明要点"的内容及第15页的"编织术语中英对照表"。

× 参考"棒针编织基础课程"的编织方法进行编织。

× 在编织开始和收尾的时候，毛线要留有余量方便缝合。

× 缝合完毕的线尾藏在织物背面或者内侧。

× 连接缝线的部分用作背面。

× 不要填充过多的棉花，以免织物拉伸变形。

× 除特殊情况外，均以下针面作为正面使用。

× 毛线颜色没有使用固定的字母表示。

森林里的元素

树木

制作各种形状的树木。小巧的树木是制作胸针、钥匙链、风铃等其他装饰品时很好的组合道具。

实际上，除草绿色外，可以使用各种颜色编织。如果换成黄色或红色，就可以营造出秋天的景象。

难易度
★★

✕ 准备	线 ■ A ICASSO 6PLY 羊毛线 草绿色（28）12g	尺寸 圆树 4.5cm×7cm

✕ 准备

线 ■ A ICASSO 6PLY 羊毛线 草绿色（28）12g
　　■ B ICASSO 6PLY 羊毛线 棕色（18）3g

材料和工具 3mm棒针，毛线缝针，剪刀，翻里钳，
　　　　　　珠针，填充棉（各3g，共9g）

编织密度 13针×19行（5cm×5cm）

尺寸 圆树 4.5cm×7cm
　　　三角树 4.5cm×8cm
　　　塔树 4.5cm×8.5cm

✕ 使用技法

起针
下针
上针
下针1针放2针

下针左上2针并1针
平针编织
抽绳法收针
收针

● 参考笔记

1 圆树、三角树、塔树的组装方法相同。
2 三角树和塔树的长度可以调节（参考要点）。

圆树 ⓐ

用A线起6针★

第1行	上针
第2行	[下针1针放2针]×6（12针）
第3行	上针
第4行	[1针下针，下针1针放2针]×6（18针）
第5行	上针
第6行	[2针下针，下针1针放2针]×6（24针）
第7行	上针
第8行	[3针下针，下针1针放2针]×6（30针）
第9~11行	平针编织3行
第12行	[4针下针，下针1针放2针]×6（36针）
第13~17行	平针编织5行
第18行	[4针下针，下针左上2针并1针]×6（30针）
第19~21行	平针编织3行
第22行	[3针下针，下针左上2针并1针]×6（24针）
第23行	上针
第24行	[2针下针，下针左上2针并1针]×6（18针）
第25行	上针
第26行	[1针下针，下针左上2针并1针]×6（12针）
第27行	上针
第28行	下针左上2针并1针×6（6针）

抽绳法收针

三角形树 ⓐ

用A线起6针★

第1行	上针
第2行	[下针1针放2针]×6（12针）
第3行	上针
第4行	[下针1针放2针]×12（24针）
第5行	上针
第6行	[1针下针，下针1针放2针]×12（36针）
第7行	上针
第8行	上针
第9~11行	上针开始，平针编织3行
第12行	[4针下针，下针左上2针并1针]×6（30针）
第13~15行	平针编织3行
第16行	[3针下针，下针左上2针并1针]×6（24针）
第17~19行	平针编织3行
第20行	[2针下针，下针左上2针并1针]×6（18针）
第21~23行	平针编织3行
第24行	[1针下针，下针左上2针并1针]×6（12针）
第25~27行	平针编织3行
第28行	下针左上2针并1针×6（6针）
第29行	上针

抽绳法收针

树干 ⓑ

用B线起6针

第1行	下针开始，[下针1针放2针]×6（12针）
第2行	下针
第3~8行	下针开始，平针编织6行

收针●

树干 ⓑ

用B线起6针

第1行	下针开始，[下针1针放2针]×6（12针）
第2行	下针
第3~8行	下针开始，平针编织6行

收针●

塔树 ⓐ	
用A线起6针★	
第1行	上针
第2行	[下针1针放2针]×6（12针）
第3行	上针
第4行	[下针1针放2针]×12（24针）
第5行	上针
第6行	[1针下针，下针1针放2针]×12（36针）
第7行	上针
第8行	上针
第9~11行	上针开始，平针编织3行
第12行	[1针下针，下针左上2针并1针]×12（24针）
第13行	上针 ▲
第14行	[1针下针，下针1针放2针]×12（36针）
第15行	上针
第16行	上针
第17~19行	上针开始，平针编织3行
第20行	[下针左上2针并1针]×18（18针）
第21行	上针 ▲
第22行	[1针下针，下针1针放2针]×9（27针）
第23行	上针
第24行	上针
第25~27行	上针开始，平针编织3行
第28行	[1针下针，下针左上2针并1针]×9（18针）
第29行	上针
第30行	[1针下针，下针左上2针并1针]×6（12针）
第31行	上针
第32行	[下针左上2针并1针]×6（6针）
第33行	上针
树干	

树干 ⓑ	
用B线起6针	
第1行	下针开始，[下针1针放2针]×6（12针）
第2行	下针
第3~8行	下针开始，平针编织6行
收针●	

编织圆树的方法

1 用A线起6针。Ⓐ

2 参考编织说明编织至第17行。Ⓑ

3 参考编织说明编织至第28行。Ⓒ

4 留20cm左右的线尾，剪掉余线，穿上毛线缝针。Ⓓ

5 从起针处穿入毛线缝针。Ⓔ

6 取出缝针后，把线拉紧。Ⓕ的ⓐ处

7 用B线起6针。Ⓖ

8 参考编织说明编织至第8行。Ⓗ

9 收针完成。Ⓘ的ⓑ处

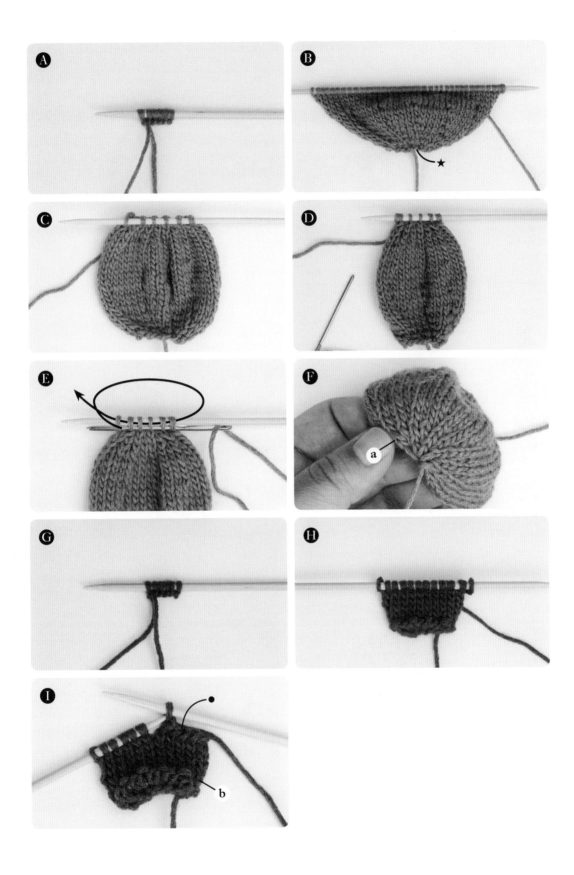

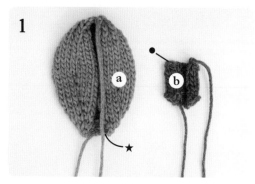

准备ⓐ、ⓑ。

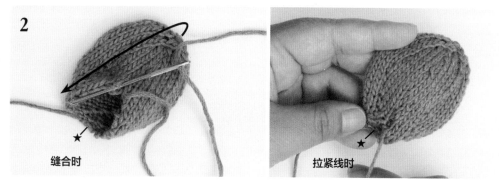

缝合时　　　　　　　拉紧线时

用ⓐ的线尾缝合，一边缝合一边拉紧。注意不要将线拉得过紧导致织物不平整。

用翻里钳塞入填充棉。

用缝合开口的线，从反方向将针从外向内穿过。

按照相同方式将毛线缝针穿过所有线圈，然后拉紧。

从织物的远处出针，剪断线尾。其他的线尾也按照同样方式整理好。

按照相同方式将毛线缝针穿过所有线圈，然后拉紧。

从织物的远处出针，剪断线尾。其他的线尾也按照同样方式整理好。

按照平针织物的连接方式缝合有缝的部分。

用翻里钳塞入填充棉。将短线头和棉花一同塞进织物里。

11

将ⓐ的★处和ⓑ的●处对齐，用珠针固定。

12

将ⓑ收针的线尾穿过毛线缝针，将缝针从ⓐ与ⓑ的连接处穿过。

13

穿过ⓑ上的∧形针脚。

14

重复步骤**12**、**13**。将ⓐ、ⓑ缝合好，拉线。

15

从织物的远处出针，剪断线尾。

16

完成的样子。

三角树的组装方法

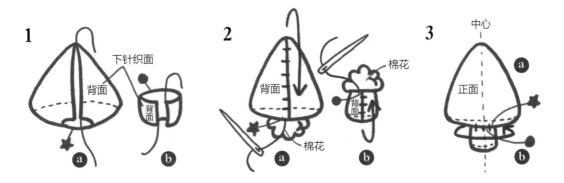

1　参考ⓐ、ⓑ的编织说明进行编织。

2　ⓐ沿箭头方向缝合，塞入填充棉。缝合返口。ⓑ先进行抽绳法收针，然后按箭头方向缝合。留线尾不整理。ⓑ也塞入填充棉。

3　将ⓐ、ⓑ对准中心，缝合在一起。

要点

　第9~11行平针编织的3行，可以增加到5行、7行、9行，以此来调节树木的高度。

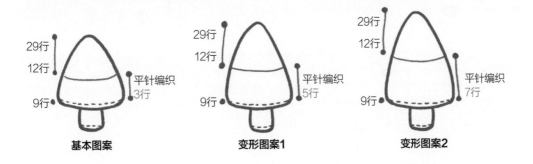

塔树的组装方法

1

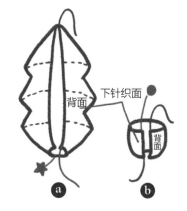

下针织面

背面

背面

ⓐ　　　ⓑ

2

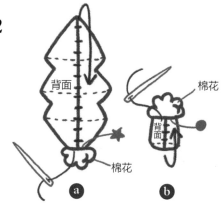

背面

棉花

背面

棉花

ⓐ　　　ⓑ

3

背面

ⓐ

4

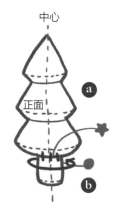

中心

正面

ⓐ

ⓑ

1　准备ⓐ、ⓑ。

2　ⓐ沿箭头方向缝合，塞入填充棉。缝合返口。
　　ⓑ抽绳法收针后，沿箭头方向缝合。留线尾不整理。
　　ⓑ塞入填充棉。

3　在ⓐ的▲行半针处穿线，拉紧，完成塔树的凹陷部分。❹、❺、❻

4　将ⓐ、ⓑ中心对齐，缝合在一起。

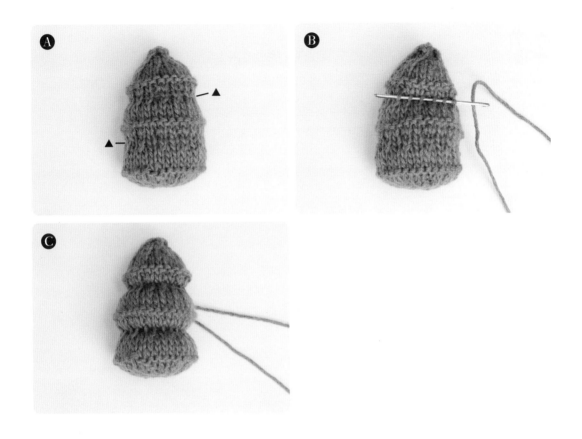

要点

参考图示，编织至12行后，再重复编织第5行到第12行，这样可以增加1层。

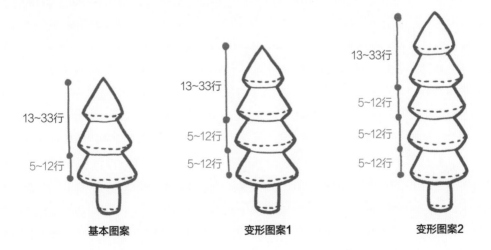

基本图案   变形图案1   变形图案2

红蘑菇

三种大小的红蘑菇。红色和白色圆点是红色蘑菇的点睛之处，可以灵活运用。
红色也可以换成黄色或者紫色。

难易度
★★

× 准备	线 □ A ICASSO 6PLY羊毛线 米色（02）5g	尺寸	大蘑菇 4.5cm×5.5cm
	■ B ICASSO 6PLY羊毛线 红色（20）5g		中蘑菇 3.5cm×4.5cm
	材料和工具 3mm棒针，毛线缝针，剪刀，翻里钳，珠针，填充棉3g		小蘑菇 2.5cm×3.5cm
	编织密度 13针×19行（5cm×5cm）		

× 使用技法

起针	下针左上2针并1针
下针	平针编织
上针	抽绳法收针
下针1针放2针	收针

🥄 **参考笔记**

1 大蘑菇、中蘑菇、小蘑菇的组装方法完全一致。

2 小蘑菇的开口太小，使用翻里钳不方便时，可以用针尖或用毛线缝针填充。

大蘑菇 ⓐ	
用A线起6针★	
第1行	上针
第2行	[下针1针放2针]×6（12针）
第3行	上针
第4行	[下针1针放2针]×12（24针）
第5行	上针
第6行	[1针下针，下针1针放2针]×12（36针）
第7行	上针，剪断A线
第8行	连接B线，下针
第9行	下针
第10~13行	下针开始，平针编织4行
第14行	[1针下针，下针左上2针并1针]×12（24针）
第15行	上针
第16行	[下针左上2针并1针]×12（12针）
第17行	上针
第18行	[下针左上2针并1针]×6（6针）
抽绳法收针	

大蘑菇茎 ⓑ	
用A线起6针	
第1行	上针
第2行	[下针1针放2针]×6（12针）
第3~8行	平针编织6行
第9行	下针
第10~11行	下针开始，平针编织2行
收针●	

中蘑菇 ⓐ	
用A线起6针★	
第1行	上针
第2行	[下针1针放2针]×6（12针）
第3行	上针
第4行	[下针1针放2针]×12（24针）
第5行	上针，剪断A线
第6行	连接B线，下针
第7行	下针
第8~11行	下针开始，平针编织4行
第12行	[下针左上2针并1针]×12（12针）
第13行	上针
第14行	[下针左上2针并1针]×6（6针）
抽绳法收针	

中蘑菇茎 ⓑ	
用A线起6针	
第1行	上针
第2行	[1针下针，下针1针放2针]×3（9针）
第3~6行	平针编织4行
第7行	下针
第8~9行	下针开始，平针编织2行
收针●	

小蘑菇 ⓐ	
用A线起6针★	
第1行	上针
第2行	[下针1针放2针]×6（12针）
第3行	上针
第4行	[2针下针，下针1针放2针]×4（16针）
第5行	上针，剪断A线
第6行	连接B线，下针
第7行	下针
第8~11行	下针开始，平针编织4行
第12行	[2针下针，下针左上2针并1针]×4（12针）
第13行	上针
第14行	[下针左上2针并1针]×6（6针）
抽绳法收针	

小蘑菇茎 ⓑ	
用A线起6针	
第1行	上针
第2行	[1针下针，下针1针放2针]×3（9针）
第3~6行	平针编织4行
第7行	下针
第8~9行	下针开始，平针编织2行
收针●	

组装方法

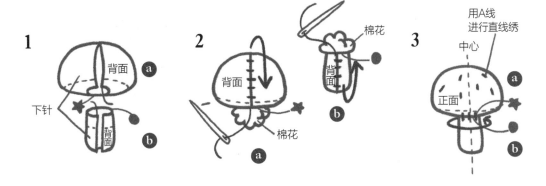

1 准备ⓐ、ⓑ。

2 ⓐ沿箭头方向缝合，塞入填充棉。缝合返口。
   ⓑ抽绳法收针后，沿箭头方向缝合。留线尾不整理。
   ⓑ塞入填充棉。

3 将ⓐ、ⓑ中心对齐，缝合在一起。用A线进行直线绣，绣出蘑菇上的白色小点。

×03×

绿色橡子

用平针和起伏针交替编织，体现不同的织物质感，可以表现出橡子圆滚滚的样子。

果实部分用平针编织，橡子壳部分用起伏针编织。

绿色线可以用浅棕色线代替。

难易度
★★

准备　　**线** ▓ A ICASSO 6PLY 羊毛线 浅绿色（57）2g

　　　　　　 ▓ B ICASSO 6PLY 羊毛线 棕色（18）1g

　　　　材料和工具　3mm棒针，毛线缝针，剪刀，翻里钳，
　　　　　　　　　　　填充棉2g

编织密度　13针×19行（5cm×5cm）

尺寸　4cm×6cm

使用技法　　起针　　　　　　　　　　平针编织

　　　　　　　下针　　　　　　　　　　起伏针

　　　　　　　上针　　　　　　　　　　I-Cord编织

　　　　　　　下针1针放2针　　　　　　抽绳法收针

　　　　　　　下针左上2针并1针

参考笔记　　1 起伏针所有行都用下针编织。

　　　　　　　2 橡子柄用I-Cord编织。（参考P42 I-Cord编织）

　　　　　　　3 组装方法可以参考I-Cord编织的收针方法。

橡子 ⓐ	
用A线起6针	
第1行	下针（6针）
第2行	上针
第3行	[下针1针放2针]×6（12针）
第4行	上针
第5行	[下针1针放2针]×12（24针）
第6~12行	平针编织7行
第13行	剪断A线，连接B线，下针
第14行	[2针下针，下针1针放2针]×8（32针）
第15~18行	起伏针4行
第19行	[下针左上2针并1针]×16（16针）
第20行	下针
第21行	[下针左上2针并1针]×8（8针）
抽绳法收针★	

橡子柄 ⓑ	
用B线起3针●	
第1~4行	I-Cord编织4行
抽绳法收针	

组装方法

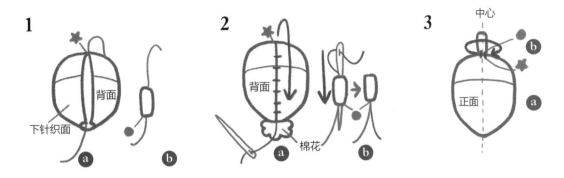

1 准备ⓐ、ⓑ。

2 根据箭头方向缝合ⓐ，塞入填充棉，收口。ⓑ将线尾穿上毛线缝针，从I-Cord的中间部分穿过，从●处穿出，留线尾不整理。❶、❷、❸

3 将ⓐ、ⓑ中心对齐，缝合在一起。

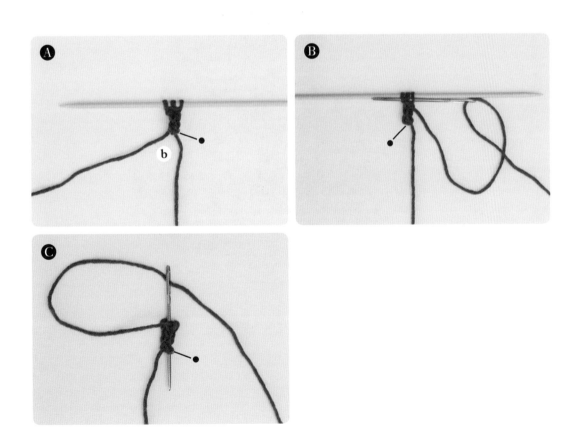

× 04 ×

黑莓

用桂花针来表现黑莓凹凸可爱的感觉。
使用起伏针编织成的叶子，不会变成圆形，恰好也能表现出叶子的形状。
用桂花针和起伏针练习编织可爱的黑莓吧！

难易度
★★

<table>
<tbody>
<tr><td>× 准备</td><td>线 ■ A ICASSO 6PLY 羊毛线 红色（20）2g
■ B ICASSO 6PLY 羊毛线 紫色（52）2g
■ C ICASSO 6PLY 羊毛线 绿色（28）2g

材料和工具 3mm棒针，毛线缝针，剪刀，翻里
钳，填充棉3g</td><td>编织密度 13针×19行（5cm×5cm）
尺寸 6cm×6.5cm</td></tr>
</tbody>
</table>

× 使用技法	起针	下针左上3针并1针
	卷针加针	I-Cord编织
	下针	桂花针
	上针	起伏针
	下针1针放2针	抽绳法收针
	下针左上2针并1针	

参考笔记

1 起伏针和桂花针不单独说明。

2 桂花针不要织得太松。

3 不要塞入太多填充棉。

4 黑莓的单数行是上针，双数行是下针。

黑莓1 ⓐ	
用A线起10针★	
第1行	（上针）增加10针（20针）
第2行	[1针下针，1针上针]×10
第3行	[1针上针，1针下针]×10
第4~13行	第2、3行重复5次
第14行	[下针左上2针并1针]×10（10针）
抽绳法收针	

黑莓2 ⓑ	
用B线起8针★	
第1行	（上针）增加8针（16针）
第2行	[1针下针，1针上针]×8
第3行	[1针上针，1针下针]×8
第4~13行	第2、3行重复5次
第14行	[下针左上2针并1针]×8（8针）
抽绳法收针	

叶子 ⓒ	
用C线起3针●	
第1~4行	I-Cord编织4行，棒针上的所有线圈移到棒针的另一头。
第5行	1针下针，1针上针，1针下针，卷针加1针（4针）
第6行	2针下针，1针上针，1针下针，卷针加1针（5针）
第7行	2针下针，1针上针，2针下针
第8行	1针下针，下针1针放2针，1针上针，下针1针放2针，1针下针（7针）
第9行	3针下针，1针上针，3针下针
第10行	1针下针，下针1针放2针，1针下针，1针上针，1针下针，下针1针放2针，1针下针（9针）
第11~16行	4针下针，1针上针，4针下针，重复6行
第17行	1针下针，下针左上2针并1针，1针下针，1针上针，1针下针，下针左上2针并1针，1针下针（7针）
第18行	3针下针，1针上针，3针下针
第19行	1针下针，下针左上2针并1针，1针上针，下针左上2针并1针，1针下针（5针）
第20行	2针下针，1针上针，2针下针
第21行	下针左上2针并1针，1针上针，下针左上2针并1针（3针）
第22行	1针下针，1针上针，1针下针
第23行	下针左上3针并1针

组装方法

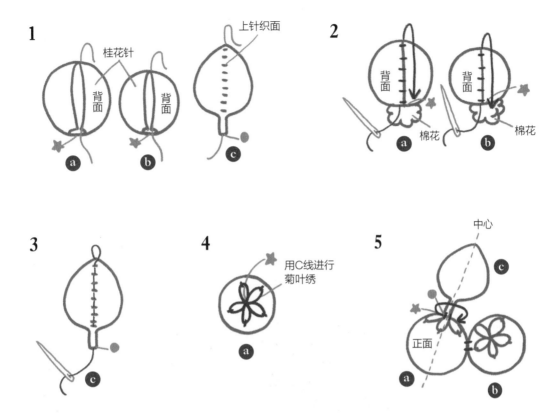

1 准备ⓐ、ⓑ、ⓒ。

2 根据箭头方向缝合ⓐ、ⓑ，塞入填充棉，
  收口。

3 ⓑ将线尾穿上毛线缝针，从I-Cord的中间部
  分穿过，从●处穿出，留线尾不整理。Ⓐ

4 用C线在ⓐ、ⓑ的★处进行菊叶绣，绣出黑
  莓柄。

5 将ⓐ、ⓒ中心对齐，缝合在一起。参考图示
  连接ⓐ、ⓑ。

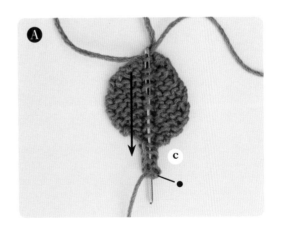

蜜蜂

自带条纹图案的可爱蜜蜂。

把翅膀连接起来，触角和四肢用编织中留下的线尾打结完成。

✕ 准备	线 □ A ICASSO 6PLY 羊毛线 米色（02）3g	编织密度 13针×19行（5cm×5cm）
	■ B ICASSO 6PLY 羊毛线 黑色（14）1g	尺寸 7cm×6.5cm
	▨ C ICASSO 6PLY 羊毛线 芥末色（16）1g	

材料和工具 3mm棒针，毛线缝针，剪刀，翻里
钳，珠针，记号扣，填充棉2g

✕ **使用技法**

起针	下针左上2针并1针
下针	平针编织
上针	抽绳法收针
下针1针放2针	

━ **参考笔记** 触角和腿的制作方法是在相应的位置穿线，然后在线尾打结。

蜜蜂身体 ⓐ	
用A线起6针★	
第1行	上针
第2行	[下针1针放2针]×6（12针）
第3行	上针
第4行	[下针1针放2针]×12（24针）
第5行	上针，剪断A线
第6~8行	连接B线，平针编织3行
第9~11行	连接C线，平针编织3行
第12行	连接B线，[2针下针，下针左上2针并1针]×6（18针）
第13行	上针
第14行	[1针下针，下针左上2针并1针]×6（12针）▲
第15行	上针
第16行	[1针下针，下针1针放2针]×6（18针）
第17行	上针
第18~19行	连接C线，平针编织2行
第20行	[1针下针，下针左上2针并1针]×6（12针）
第21行	连接B线，上针
第22行	[1针下针，下针左上2针并1针]×4（8针）▲
第23行	上针■
抽绳法收针	

蜜蜂翅膀 ⓑ、ⓒ	
用A线起6针●	
第1行	上针
第2行	[下针1针放2针]×6（12针）
第3行	上针
第4行	[1针下针，下针1针放2针]×6（18针）
第5~9行	平针编织5行
第10行	[1针下针，下针左上2针并1针]×6（12针）
第11行	上针
第12行	[下针左上2针并1针]×6（6针）
抽绳法收针	

组装方法

1

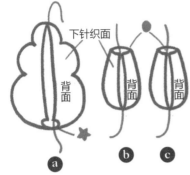

下针织面
背面
a
背面
b
背面
c

2

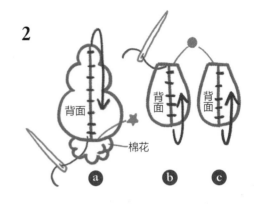

背面
a
棉花
背面
b
背面
c

3

背面
a

4

中心
B线打结
A线进行
直线绣
b
正面
c
正面
正面
B线打结
a

1 准备ⓐ、ⓑ、ⓒ。

2 缝合ⓐ、ⓑ、ⓒ，塞入填充棉，ⓐ收口。
　ⓑ、ⓒ保留线尾不整理。

3 在ⓐ的▲行半针处穿线，拉紧，完成凹陷的部分。

4 参考图示，在ⓐ的翅膀位置连接ⓑ、ⓒ。用A线在ⓐ的■部分绣出眼睛。
　将约20cm长的B线穿到毛线缝针上，穿过触角、后腿部分之后，留一定的长度打结，将线
　剪断。

× 06 ×

土地精灵

在森林里生活着的有着浓密白胡子的土地精灵。用嵌花花样编织身体和脸部，可以练习配色技法。
土地精灵迷人的白胡子是用毛线缝针一圈圈绣上去的。

难易度
★★

× 准备	线	■ A ICASSO 6PLY羊毛线 印第安蓝色（51）2g	材料和工具 3mm棒针，毛线缝针，

× 准备　　　线　■ A ICASSO 6PLY羊毛线 印第安蓝色（51）2g

　　　　　　　　□ B ICASSO 6PLY羊毛线 肉色（03）1g

　　　　　　　　■ C ICASSO 6PLY羊毛线 红色（20）1g

　　　　　　　　■ D ICASSO 6PLY羊毛线 黑色（14）1g

　　　　　　　　■ E ICASSO 6PLY羊毛线 白莲草色（44）1g

　　　　　　　　□ F ICASSO 6PLY羊毛线 米色（02）1g

材料和工具 3mm棒针，毛线缝针，
剪刀，翻里钳，填充棉2g

编织密度 13针×19行（5cm×5cm）

尺寸 4cm×7.5cm

× **使用技法**　　起针

　　　　　　　　下针

　　　　　　　　上针

　　　　　　　　下针1针放2针

下针左上2针并1针

平针编织

抽绳法收针

● **参考笔记**　1 在土地精灵ⓐ的第10行到第14行编织嵌花花样。准备两条A线。

　　　　　　　2 在编织嵌花花样时，如果连接线太松会容易出现洞孔，因此要格外注意。

土地精灵 ⓐ	
用A线起6针★	
第1行	[下针1针放2针]×6（12针）
第2行	上针
第3行	[下针1针放2针]×12（24针）
第4行	上针
第5行	上针
第6~9行	上针开始，平针编织4行
第10行	11针上针，连接B线，2针上针，11针上针
第11行	10针下针，4针下针，10针下针
第12行	9针上针，6针上针，9针上针

第13行	8针下针，8针下针，8针下针
第14行	8针上针，8针上针，8针上针 A线，剪断B线
第15~18行	连接C线，平针编织4行
第19行	[2针下针，下针左上2针并1针]×6（18针）
第20~22行	平针编织3行
第23行	[1针下针，下针左上2针并1针]×6（12针）
第24~26行	平针编织3行
第27行	[下针左上2针并1针]×6（6针）
第28~30行	平针编织3行
抽绳法收针	

编织方法

1 参考编织说明编织至第9行。Ⓐ

2 第10行，用A线编织11针上针，连接B线。Ⓑ

3 用B线编织2针上针，用新的A线连接，编织11针上针。Ⓒ、Ⓓ

4 第11行，用A线编织10针下针，将B线分别放在A线上下编织4针下针。Ⓔ、Ⓕ

5 将A线从B线下方拉到上方，编织10针下针。Ⓖ、Ⓗ

6 上针行也用同样的方式，将线上下交替编织。Ⓘ

7 到第14行为止，完成嵌花花样的样子。Ⓙ、Ⓚ

8 编织至第30行，抽绳法收针。

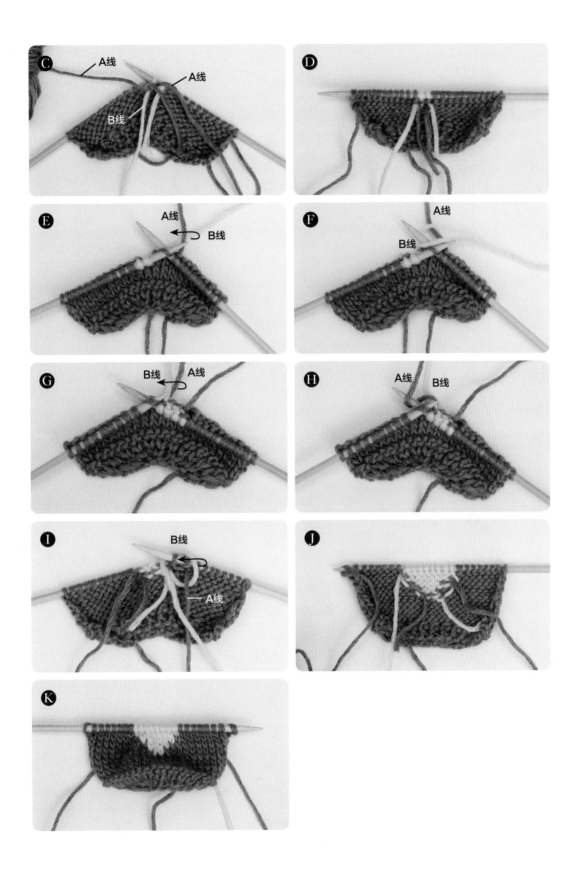

组装方法

1
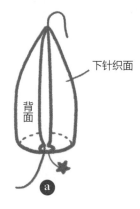
下针织面
背面
ⓐ

2
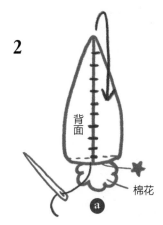
背面
棉花
ⓐ

3

用D线
进行直线绣
正面
用E线
进行法式结
ⓐ

4
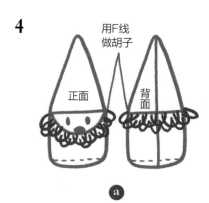
用F线
做胡子
正面
背面
ⓐ

1 准备ⓐ。

2 沿箭头方向缝合ⓐ，塞入填充棉，收口。

3 用D线进行直线绣，绣出眼睛。用E线制作绕线5圈的法式结，绣出鼻子。

4 用F线在胡子和后脑勺的位置制作环状线圈。

动物的头

圆圆的小熊头

圆圆的可爱小熊头，有着红色的嘴唇、小小的圆头鼻子和黑黑的眼睛。

由于棒针从线上或线下穿过的方式不同，分为向左扭加针或向右扭加针。

通过编织小熊头可以练习向左扭加针的技法。

难易度
★★★

× **准备**　　线 ■ A ICASSO 6PLY羊毛线 棕色（18）5g
　　　　　　　　 □ B ICASSO 6PLY羊毛线 米色（02）1g
　　　　　　　 ■ C ICASSO 6PLY羊毛线 黑色（14）1g
　　　　　　　 ■ D ICASSO 6PLY羊毛线 红色（20）1g

材料和工具　3mm棒针，毛线缝针，剪
　　　　　　刀，翻里钳，珠针，填充棉3g

编织密度　13针×19行（5cm×5cm）

尺寸　5.5cm×5.5cm

× **使用技法**　起针

　　　　　　下针

　　　　　　上针

　　　　　　下针左上2针并1针

　　　　　　上针左上2针并1针

下针向左扭加针

平针编织

抽绳法收针

小熊头 ⓐ

用A线起11针★

第1行	上针
第2行	1针下针，[下针向左扭加针，1针下针]×9，1针下针（20针）
第3行	上针
第4行	2针下针，[下针向左扭加针，2针下针]×9（29针）
第5行	上针
第6行	2针下针，[下针向左扭加针，3针下针]×9（38针）
第7~19行	平针编织13行
第20行	1针下针，[下针左上2针并1针]×18，1针下针（20针）
第21行	1针上针，[4针上针，上针左上2针并1针]×3，1针下针，剪断A线（17针）

小熊头 ⓐ (续)

第22~27行	连接B线，平针编织6行
第28行	[下针左上2针并1针]×4，1针下针，[下针左上2针并1针]×4（9针）

抽绳法收针

小熊耳朵 ⓑ，ⓒ

用A线起14针●

第1~4行	下针开始，平针编织4行
第5行	1针下针，[下针左上2针并1针]×6，1针下针（8针）

抽绳法收针

组装方法

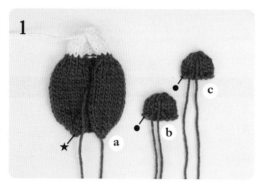

1

准备ⓐ、ⓑ、ⓒ。

2

将ⓐ抽绳法收针，沿箭头方向缝合小熊嘴巴。塞入填充棉，用B线把脸翻过来，在内侧缝合处进行卷边缝，完成线的收尾。

3

缝针穿过ⓐ的★处针脚，拉线，收针，缝合1cm左右。

4

用A线沿箭头方向缝合1cm左右，从中间的开口塞入填充棉，留线尾不整理。

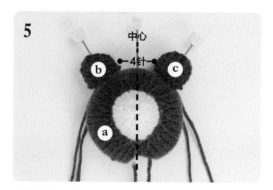

5

在ⓐ的中心4针左右距离，用珠针对称固定ⓑ、ⓒ，用缝针把耳朵的前后面分别缝合到脸上。

6

从开口处穿入A线，从两眼周围按照①~④的顺序穿线。从开口处拉两侧的线，让眼睛凹陷进去，使五官具有立体感。打结后，把线头藏进开口里。

7

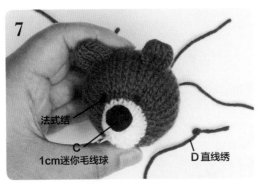

法式结

C

1cm迷你毛线球

D直线绣

用C线制作绕线2圈的法式结，绣出眼睛。用D线进行直线绣，绣出嘴巴。用C线做一个1cm的迷你毛线球后缝上，做出鼻子。完成所有步骤，收口。

8

从开口处再塞入一些填充棉，然后收口。

9

完成。

冷漠的狐狸头

表情很冷淡的狐狸头，有着长长的嘴巴。使用纵向配色的嵌花花样编织。

通过编织狐狸头可以练习下针右上2针并1针的技法。

难易度
★★★

<table>
<tr><td>× 准备</td><td>线 ■ A ICASSO 6PLY羊毛线 橙棕色（49）5g
　　□ B ICASSO 6PLY羊毛线 米色（02）1g
　　■ C ICASSO 6PLY羊毛线 黑色（14）1g</td><td>编织密度 13针×19行（5cm×5cm）
尺寸 5.5cm×7cm</td></tr>
</table>

材料和工具 3mm棒针，毛线缝针，剪刀，翻里钳，
珠针，记号扣，填充棉3g

× **使用技法**　　起针　　　　　　　　　　　下针向左扭针加针

　　　　　　　　下针　　　　　　　　　　　平针编织

　　　　　　　　上针　　　　　　　　　　　抽绳法收针

　　　　　　　　下针左上2针并1针

　　　　　　　　上针左上2针并1针

　　　　　　　　下针右上2针并1针

● **参考笔记**　　1 从狐狸头ⓐ的第14行开始编织嵌花花样。准备两条B线。

　　　　　　　　2 嵌花花样如果织得较松，有可能出现洞孔，所以要格外注意。

狐狸头 ⓐ	
用A线起11针★	
第1行	上针
第2行	1针下针，[下针向左扭加针，1针下针]×9，1针下针（20针）
第3行	上针
第4行	2针下针，[下针向左扭加针，2针下针]×9（29针）
第5行	上针
第6行	2针下针，[下针向左扭加针，3针下针]×9（38针）
第7~13行	平针编织7行
第14行	连接B线，5针下针，28针下针，连接另一条B线，5针下针
第15行	6针上针，26针上针，6针上针
第16行	7针下针，24针下针，7针下针
第17行	7针上针，24针上针，7针上针
第18行	7针下针，24针下针，7针下针
第19行	7针上针，24针上针，7针上针
第20行	1针下针，[下针左上2针并1针]×3，[下针左上2针并1针]×12，[下针左上2针并1针]×3，1针下针（20针）▲
第21行	4针上针，12针上针，4针上针
第22行	4针下针，12针下针，4针下针
第23行	4针上针，12针上针，4针上针
第24行	4针下针，12针下针，4针下针
第25行	4针上针，12针上针，4针上针
第26行	2针下针，下针左上2针并1针，[下针左上2针并1针]×2，4针下针，[下针右上2针并1针]×2，下针右上2针并1针，2针下针（14针）
第27行	3针上针，8针上针，3针上针
第28行	3针下针，8针下针，3针下针

第29行	3针上针，8针上针，3针上针
第30行	3针下针，8针下针，3针下针
第31行	1针上针，上针左上2针并1针，[上针左上2针并1针]×4，上针左上2针并1针，1针上针（8针）

抽绳法收针 ■

狐狸耳朵 ⓑ, ⓒ	
用A线起17针●	
第1~4行	下针开始，平针编织4行，剪断A线
第5行	连接C线，3针下针，下针右上2针并1针，下针左上2针并1针，3针下针，下针右上2针并1针，下针左上2针并1针，3针下针（13针）
第6~8行	平针编织3行
第9行	2针下针，下针右上2针并1针，下针左上2针并1针，1针下针，下针右上2针并1针，下针左上2针并1针，2针下针（9针）
第10行	上针

抽绳法收针

编织方法

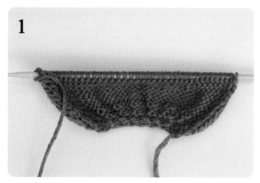

将ⓐ编织至第13行。

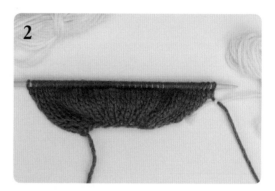

第14行连接B线。

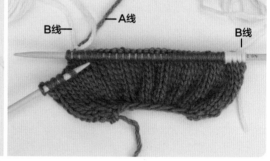

用B线编织5针下针，带上原有的A线，编织28针下针，连接新的B线。

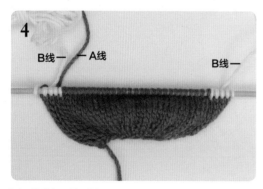

用B线编织5针下针。

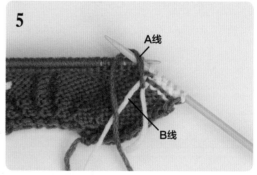

第15行，用B线编织6针上针，将A线拉到B线上方，编织26针上针。

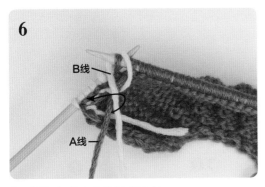

将B线拉到A线上方编织6针上针。

在换线时注意拉线，不要产生洞孔。上针也用同样的方式，将线上下交替进行编织。

编织至第31行后，进行抽绳法收针。

组装方法

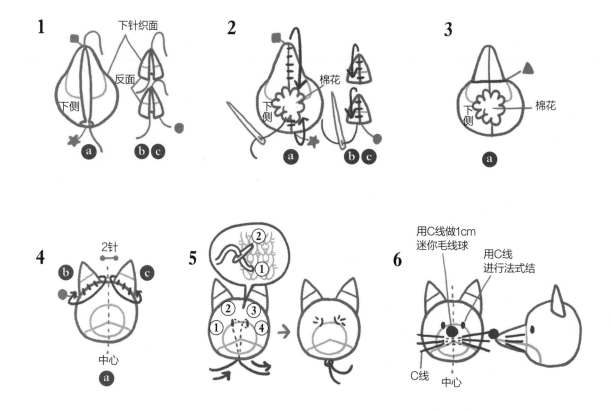

1 准备ⓐ、ⓑ、ⓒ。

2 ⓐ沿箭头方向缝合，塞入填充棉。
　 ⓑ、ⓒ各自缝合，留线尾不整理。

3 将ⓐ的▲处用A线穿过半针针脚缝合，翻到正面，拉出嘴的位置。

4 在ⓐ中间留2针左右的距离，对称缝合ⓑ、ⓒ。

5 从开口处穿入A线，在两眼周围按照①~④的顺序穿线。从开口处拉两侧的线，让眼睛凹陷进去，使五官具有立体感。打结后，把线头藏进开口里。

6 用C线制作绕线2圈的法式结，绣出眼睛。用C线做一个1cm迷你毛线球后缝上，做出鼻子。将C线剪成两段，从嘴巴两侧穿出，取一定长度，剪掉多余线头，做出胡须。完成所有步骤，收口。

09

淘气的小浣熊头

脸部中央有白色和黑色相间条纹的淘气的小浣熊头。

可以练习纵向配色的嵌花编织技法和减针的针法。

× 准备　线 ■ A ICASSO 6PLY羊毛线 浅驼色（11）4g

　　　　　　□ B ICASSO 6PLY羊毛线 米色（02）1g

　　　　　　■ C ICASSO 6PLY羊毛线 黑色（14）1g

　　　　材料和工具　3mm棒针，毛线缝针，剪刀，翻里钳，

　　　　　　珠针，记号扣，填充棉3g

编织密度　13针×19行（5cm×5cm）

尺寸　5.5cm×5.5cm

× 使用技法　　起针

　　　　　　下针

　　　　　　上针

　　　　　　下针左上2针并1针

　　　　　　下针右上2针并1针

　　　　　　下针向左扭针加针

　　　　　　平针编织

　　　　　　抽绳法收针

● 参考笔记　　1 从小浣熊头ⓐ的第14行开始编织嵌花花样。准备两条线A。

　　　　　　2 如果织得较松，织物可能会出现洞孔，所以要格外注意。

小浣熊头 ⓐ	
用A线起11针★	
第1行	上针
第2行	1针下针，[下针向左扭加针，1针下针]×9，1针下针（20针）
第3行	上针
第4行	2针下针，[下针向左扭加针，2针下针]×9（29针）
第5行	上针
第6行	2针下针，[下针向左扭加针，3针下针]×9（38针）
第7~13行	平针编织7行
第14行	10针下针，连接B线，18针下针，10针下针
第15行	9针上针，20针上针，9针上针，剪断B线
第16行	8针下针，连接C线，22针下针，8针下针
第17行	8针上针，22针上针，8针上针
第18行	8针下针，22针下针，8针下针
第19行	8针上针，22针上针，8针上针，剪断A线和C线
第20行	连接B线，1针下针，[下针左上2针并1针]×3，下针右上2针并1针，[下针左上2针并1针]×10，下针左上2针并1针，[下针左上2针并1针]×3，1针下针（20针）▲

第21~23行	平针编织3行
第24行	2针下针，[下针左上2针并1针]×3，4针下针，[下针左上2针并1针]×3，2针下针（14针）
第25行	上针
第26行	1针下针，[下针左上2针并1针]×6，1针下针（8针）
抽绳法收针 ■	

小浣熊耳朵 ⓑ, ⓒ	
用A线起12针●	
第1~3行	上针开始，平针编织3行
第4行	1针下针，[下针左上2针并1针]×5，1针下针，（7针）
抽绳法收针	

166

组装方法

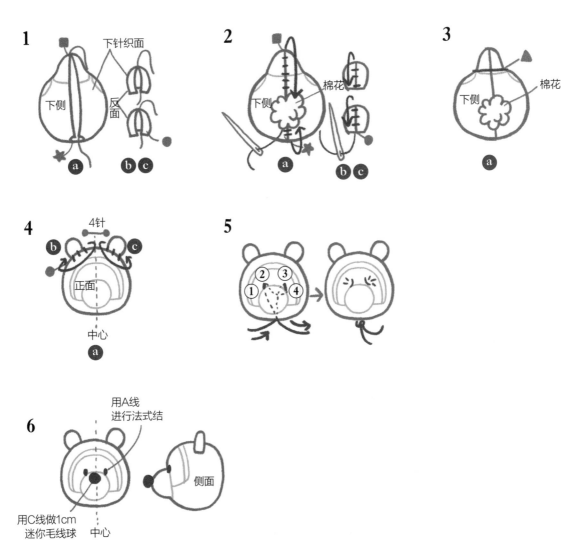

1　准备ⓐ、ⓑ、ⓒ。

2　ⓐ沿箭头方向缝合，塞入填充棉。
　　ⓑ、ⓒ各自缝合，留线尾不整理。

3　将ⓐ的▲处用A线穿过半针针脚缝合，翻到正面，拉出嘴的位置。

4　在ⓐ中间留4针左右的距离，对称缝合ⓑ、ⓒ。

5　从开口处穿入A线，在两眼周围按照①~④的顺序穿线。从开口处拉两侧的线，让眼睛凹陷进去，使五官具有立体感。打结后，把线头藏进开口里。

6　用A线制作绕线2圈的法式结，绣出眼睛。用C线做一个1cm迷你毛线球后缝上，做出鼻子。完成所有步骤，收口。

167

× 10 ×

两颊鼓鼓的松鼠头

嘴里含着满满橡子、两颊圆鼓鼓的可爱松鼠头。

可以同时练习左右扭加针的针法以及经典的费尔岛花样。

难易度
★★★

× 准备	线 ■ A ICASSO 6PLY羊毛线 橙棕色（49）4g	编织密度 13针×19行（5cm×5cm）

× 准备　　线 ■ A ICASSO 6PLY羊毛线 橙棕色（49）4g

□ B ICASSO 6PLY羊毛线 米色（02）1g

■ C ICASSO 6PLY羊毛线 黑色（14）1g

■ D ICASSO 6PLY羊毛线 棕色（18）1g

材料和工具　3mm棒针，毛线缝针，剪刀，翻里钳，
珠针，记号扣，填充棉3g

编织密度　13针×19行（5cm×5cm）

尺寸　4.5cm×5cm

× **使用技法**　起针

下针

上针

下针左上2针并1针

上针左上3针并1针

下针右上2针并1针

下针向左扭加针

下针向右扭加针

平针编织

I-Cord编织

抽绳法收针

● **参考笔记**　1 从松鼠头ⓐ的第13行开始编织费尔岛花样。

2 编织费尔岛花样时要注意将线拉紧，使织物不松垮。

× 制作方法 ×

松鼠头 ⓐ	
用A线起11针★	
第1行	上针
第2行	1针下针，[下针向左扭加针，1针下针]×9，1针下针（20针）
第3行	上针
第4行	2针下针，[下针向左扭加针，2针下针]×9（29针）
第5~7行	平针编织3行
第8行	12针下针，下针向右扭加针，5针下针，下针向左扭加针，12针下针（31针）
第9行	上针
第10行	13针下针，下针向右扭加针，2针下针，下针向右扭加针，1针下针，下针向左扭加针，2针下针，下针向左扭加针，13针下针（35针）
第11行	上针
第12行	11针下针，下针右上2针并1针，下针左上2针并1针，5针下针，下针右上2针并1针，下针左上2针并1针，11针下针（31针）
第13行	连接B线，10针上针，2针上针，1针上针，5针上针，1针上针，2针上针，10针上针
第14行	11针下针，1针下针，1针下针，5针下针，1针下针，1针下针，11针下针
第15行	13针上针，5针上针，13针上针
第16行	13针下针，5针下针，13针下针
第17行	13针上针，5针上针，13针上针
第18行	1针下针，[下针左上2针并1针]×6，下针右上2针并1针，1针下针，下针左上2针并1针，[下针左上2针并1针]×6，1针下针（17针）▲
第19行	7针上针，3针上针，7针上针
第20行	1针下针，[下针左上2针并1针]×3，3针下针，[下针左上2针并1针]×3，1针下针（11针）
第21行	4针上针，上针左上3针并1针，4针上针（9针）
抽绳法收针 ■	

松鼠耳朵 ⓑ，ⓒ	
用A线起5针●	
第1~3行	I-Cord编织3行
抽绳法收针	

170

组装方法

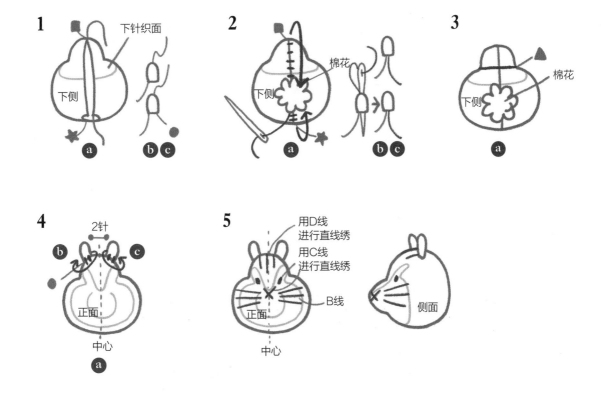

1 准备ⓐ、ⓑ、ⓒ。

2 ⓐ沿箭头方向缝合，塞入填充棉。
  ⓑ、ⓒ各自缝合，从●处抽出线，留线尾不整理。

3 将ⓐ的▲处用B线穿过半针针脚缝合，翻到正面，拉出嘴的位置。

4 从ⓐ中间留2针左右的距离，对称缝合ⓑ、ⓒ。

5 用C线进行直线绣，绣出眼睛。鼻子绣一个×形。额头花纹用D线进行直线绣。将B线剪成两
  段，从嘴巴两侧穿出，取一定长度，剪掉多余线头，做出胡须。完成所有步骤，收口。

171

森林里的朋友们

×11×

迷你松鼠和兔子

利用平针编织出四方形的织片，通过缝合，就可以完成动物的四肢和身体。

最后缝上蓬松的尾巴，就能做出可爱的松鼠和兔子。

兔子尾巴没有单独的讲解，缝上一个2cm的毛绒球就可以了。

难易度
★★★

173

✕ 准备	**线** ▨ A ICASSO 6PLY羊毛线 浅米色（10）4g
	▪ B ICASSO 6PLY羊毛线 棕色（18）1g
	▪ C 混合羊毛线 10PLY 驼棕色（17）6g
	▪ D ICASSO 6PLY羊毛线 黑色（14）1g

✕ 准备　**线** ▨ A ICASSO 6PLY羊毛线 浅米色（10）4g

▪ B ICASSO 6PLY羊毛线 棕色（18）1g

▪ C 混合羊毛线 10PLY 驼棕色（17）6g

▪ D ICASSO 6PLY羊毛线 黑色（14）1g

材料和工具　3mm棒针（兔子），2.5mm棒针（松鼠），毛线缝针，剪刀，翻里钳，珠针，记号扣，填充棉（各1g，共2g）

编织密度　13针×19行（5cm×5cm）

尺寸　松鼠7.5cm×6cm，兔子6cm×5.5cm

✕ 使用技法　起针

下针

上针

下针1针放2针

下针左上2针并1针

平针编织

I-Cord编织

抽绳法收针

收针

➤ 参考笔记　1 松鼠和兔子的编织方法相同。

2 混合羊毛线10PLY比 ICASSO 6PLY羊毛线粗，所以使用2.5mm棒针，才能得到尺寸相同的松鼠和兔子成品。

兔子脸 ⓐ、松鼠脸 ⓐ

兔子用A线、松鼠用C线起8针★

第1行	上针
第2行	1针下针，[下针1针放2针]×6，1针下针（14针）
第3~9行	平针编织7行
第10行	1针下针，[下针左上2针并1针]×6，1针下针（8针）
第11行	上针

抽绳法收针

兔子耳朵 ⓑ、ⓒ

用A线起5针●

第1~5行	I-Cord编织5行

松鼠耳朵 ⓑ、ⓒ

用C线起3针●

第1~2行	I-Cord编织2行

兔子身体 ⓓ、松鼠身体 ⓓ

兔子用A线、松鼠用C线起15针

第1~18行	下针开始，平针编织18行

收针

松鼠尾巴 ⓔ

用C线起11针

第1行	上针
第2行	1针下针，[下针1针放2针]×2，5针下针，[下针1针放2针]×2，1针下针（15针）
第3~7行	平针编织5行
第8~15行	6针下针，包针引返，6针上针 4针下针，包针引返，4针上针 2针下针，包针引返，2针上针 整理包针引返的针脚，继续编织下针 6针上针，包针引返，6针下针 4针上针，包针引返，4针下针 2针上针，包针引返，2针下针 整理包针引返的针脚，继续编织上针
第16~17行	平针编织2行
第18行	1针下针，下针左上2针并1针，9针下针，下针左上2针并1针，1针下针（13针）
第19行	上针
第20行	1针下针，[下针左上2针并1针]×2，3针下针，[下针左上2针并1针]×2，1针下针（9针）
第21行	上针

抽绳法收针

组装方法

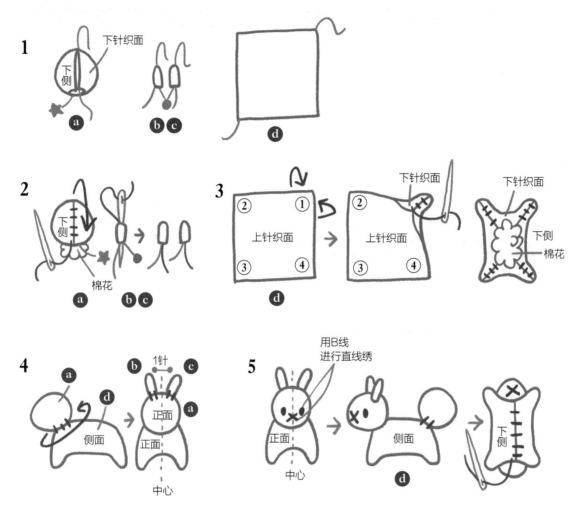

1　准备兔子的ⓐ、ⓑ、ⓒ、ⓓ。

2　ⓐ沿箭头方向缝合，塞入填充棉。将缝合的部分作为脸的下侧，将ⓑ、ⓒ的线头通过I-Cord中间，从●处抽线，留线尾不整理。

3　按顺序缝合ⓓ的四角，做出四肢，塞入填充棉。❶、❷、❸、❹

4　连接ⓐ、ⓓ。ⓐ的中心各留1针间隔，对称缝合ⓑ、ⓒ。

5　用B线进行直线绣，绣出眼睛。鼻子绣一个×形。

6　用A线绕35圈，做一个2cm的迷你毛绒球，连接到ⓓ的尾巴部分。缝合ⓓ的开口。

7　制作松鼠时，将ⓒ部分缝合后，再连接到松鼠身体ⓓ的尾巴部分。

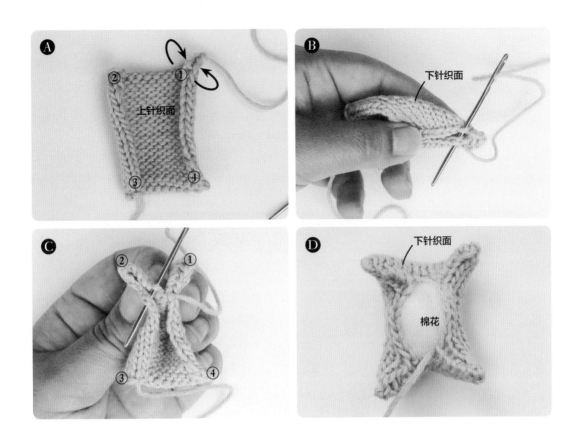

A 上针织面

B 下针织面

C

D 下针织面 棉花

× 12 ×

短尾浣熊

这是一只憨态可掬的浣熊作品，它的身体、四肢以及脸部是由一片完整的织物制作而成。
比狐狸的身体还要更胖一点，短小的四肢是它的特点。制作过程可以练习加减针。

难易度
★★★

× 准备	线 ■ A ICASSO 6PLY羊毛线 浅麻灰色（11）4g	编织密度 13针×19行（5cm×5cm）
	■ B ICASSO 6PLY羊毛线 黑色（14）1g	尺寸 12.5cm×5cm
	□ C 混合羊毛线 10PLY 米色（02）1g	

材料和工具 3mm棒针，毛线缝针，剪刀，翻里钳，
珠针，记号扣，填充棉3g

× 使用技法

起针	下针向右扭加针
下针	平针编织
上针	I-Cord编织
下针1针放2针	卷针加针
下针左上2针并1针	收针
下针右上2针并1针	抽绳法收针
下针向左扭加针	

● 参考笔记

1 浣熊全身ⓐ由包含前腿、后腿、身体和脸部这几个部位的一张织片组成。

2 从浣熊全身ⓐ的第33行开始编织嵌花花样。准备两条A线。

3 使用I-Cord编织的浣熊耳朵的线头的整理方法参考第135页绿色橡子的组装方法。

浣熊全身 ⓐ

用A线起20针

第1~6行	上针开始，平针编织6行
第7行	收2针，17针上针（18针）
第8行	收2针，15针下针（16针）
第9行	卷针加2针，18针上针（18针）
第10行	卷针加2针，20针下针（20针）
第11~16行	平针编织6行
第17行	收2针，17针上针（18针）
第18行	收2针，15针下针（16针）
第19行	卷针加2针，18针上针（18针）
第20行	卷针加2针，9针下针，下针向右扭加针，2针下针，下针向左扭加针，9针下针（22针）
第21行	上针
第22行	10针下针，下针向右扭加针，2针下针，下针向左扭加针，10针下针（24针）
第23行	上针
第24行	11针下针，下针向右扭加针，2针下针，下针向左扭加针，11针下针（26针）
第25行	收2针，23针上针（24针）
第26行	收2针，21针下针（22针）
第27行	收6针，15针上针（16针）
第28行	收6针，9针下针（10针）
第29行	上针
第30行	[1针下针，下针向左扭加针]×3，4针下针，[下针向左扭加针，1针下针]×3（16针）
第31行	上针
第32行	4针下针，连接B线，8针下针，4针下针（16针）
第33行	3针上针，10针上针，3针上针，剪断A线和B线（16针）
第34行	连接C线，1针下针，[下针左上2针并1针]×7，1针下针（9针）
第35行	上针
第36行	1针下针，下针左上2针并1针，3针下针，下针左上2针并1针，1针下针（7针）
第37行	上针

抽绳法收针 ■

浣熊耳朵 ⓑ、ⓒ

用A线起3针 ●

第1~3行	I-Cord编织3行

抽绳法收针

浣熊尾巴 ⓓ

用A线起8针 ◆

第1~3行	上针开始，平针编织3行
第4行	1针下针，[下针1针放2针]×6，1针下针（14针）
第5行	上针
第6~7行	连接B线，平针编织2行
第8~9行	连接A线，平针编织2行
第10~11行	连接B线，平针编织2行
第12~13行	连接A线，平针编织2行
第14~15行	连接B线，平针编织2行，剪断B线
第16行	连接A线，1针下针，[下针左上2针并1针]×6，1针下针（8针）
第17~19行	平针编织3行

抽绳法收针

组装方法

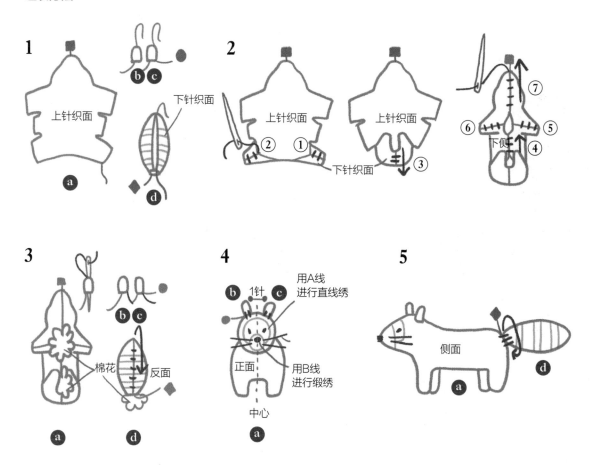

1 准备ⓐ、ⓑ、ⓒ、ⓓ。

2 从ⓐ的①处开始进行平针缝合。❶、❷、❸、❹

3 从四肢中心的开口处塞入填充棉。将ⓑ、ⓒ的线头穿过I-Cord中间，从●处抽出，留线尾不整理。将ⓓ缝合后，也留线尾不整理，塞入填充棉。

4 在ⓐ的中心保持1针距离，对称缝合ⓑ、ⓒ。用A线进行直线绣，绣出眼睛。用B线进行缎绣，绣出鼻子。用2股C线从吻部穿过，做出胡须。

5 将ⓓ连接到ⓐ的尾部。所有步骤完成后，用锁边缝缝合开口。

× 13 ×

红狐狸

狐狸是浣熊的好朋友，它的身体比浣熊长，腿也更为修长。这只红狐狸的腿和耳朵是黑色配色，

所以制作起来可能会有一点困难，但是看着讲解，一步一步跟着做就可以完成。

我们可以先做浣熊，再做狐狸，这样就容易多了。

难易度
★★★★

× 准备	线 ▨ A ICASSO 6PLY羊毛线 橙棕色（49）4g	编织密度 13针×19行（5cm×5cm）

× 准备

线 ▨ A ICASSO 6PLY羊毛线 橙棕色（49）4g

■ B ICASSO 6PLY羊毛线 黑色（14）1g

□ C ICASSO 6PLY羊毛线 米色（02）1g

材料和工具 3mm棒针，毛线缝针，剪刀，翻里钳，
珠针，记号扣，填充棉3g

编织密度 13针×19行（5cm×5cm）

尺寸 14cm×6cm

× 使用技法

起针

下针

上针

下针1针放2针

下针左上2针并1针

下针右上2针并1针

下针向左扭加针

下针向右扭加针

平针编织

I-Cord编织

卷针加针

抽绳法收针

收针

参考笔记

1 狐狸全身ⓐ由包含前腿、后腿、身体和脸部这几个部位的一张织片组成。

2 从狐狸全身ⓐ的第1行开始编织嵌花花样。准备两条B线。

3 ⓐ是从第1行开始编织嵌花花样，如果织得较松，有可能会出现洞孔，所以要格外注意。

狐狸全身 ⓐ

用A线起22针

第1行	连接B线，4针上针，14针上针，连接B线，4针上针
第2行	4针下针，14针下针，4针下针
第3~6行	第1、2行重复2次
第7行	收3针，收1针，13针上针，4针上针（18针）
第8行	收3针，收1针，13针下针，剪断B线（14针）
第9行	卷针加2针，16针上针（16针）
第10行	卷针加2针，18针下针（18针）
第11~18行	平针编织8行
第19行	收2针，15针上针（16针）
第20行	收2针，13针下针（14针）
第21行	连接B线，卷针加4针，4针上针，14针上针（18针）
第22行	连接新的B线，卷针加4针，4针下针，6针下针，下针向右扭加针，2针下针，下针向左扭加针，6针下针，4针下针（24针）
第23行	4针上针，16针上针，4针上针
第24行	4针下针，7针下针，下针向右扭加针，2针下针，下针向左扭加针，7针下针，4针下针（26针）
第25行	4针上针，18针上针，4针上针
第26行	4针下针，8针下针，下针向右扭加针，2针下针，下针向左扭加针，8针下针，4针下针（28针）
第27行	收3针，收1针，19针上针，4针上针（24针）
第28行	收3针，收1针，19针下针，剪断B线（20针）
第29行	收4针，15针上针（16针）
第30行	收4针，11针下针（12针）
第31行	上针
第32行	1针下针，[1针下针，下针向左扭加针]×3，4针下针，[下针向左扭加针，1针下针]×3，1针下针（18针）
第33行	上针
第34行	7针下针，下针左上2针并1针，下针右上2针并1针，7针下针（16针）
第35行	上针，剪断A线
第36行	连接C线，6针下针，下针左上2针并1针，下针右上2针并1针，6针下针（14针）
第37行	上针
第38行	1针下针，[下针左上2针并1针]×6，1针下针（8针）
第39行	上针

抽绳法收针 ■

狐狸耳朵 ⓑ、ⓒ

用A线起8针 ●

第1~2行	下针开始，平针编织2行
第3行	连接B线，1针下针，[下针左上2针并1针]×3，1针下针（5针）
第4行	上针

抽绳法收针

狐狸尾巴 ⓓ

用A线起8针 ◆

第1~3行	上针开始，平针编织3行
第4行	1针下针，[下针1针放2针]×6，1针下针（14针）
第5~11行	平针编织7行
第12~15行	连接C线，下针开始，平针编织4行
第16行	1针下针，[下针左上2针并1针]×6，1针下针（8针）
第17~19行	平针编织3行

抽绳法收针

组装方法

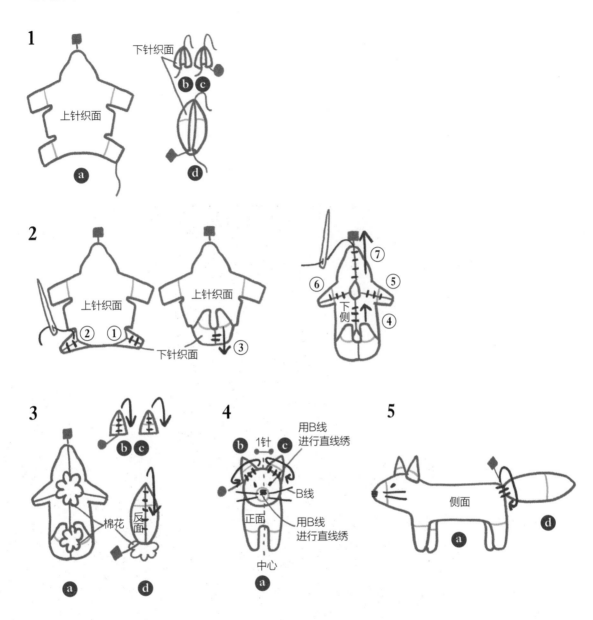

1 准备ⓐ、ⓑ、ⓒ、ⓓ。

2 从ⓐ的①处开始进行平针缝合。

3 从四肢中心的开口处塞入填充棉。将ⓑ、ⓒ、ⓓ缝合，留线尾不整理。ⓓ塞入填充棉。

4 在ⓐ的中心保持1针距离，对称缝合ⓑ、ⓒ。用B线进行缎绣，绣出眼睛。用B线进行直线绣，绣出鼻子。用2股B线从吻部穿过，做出胡须。

5 将ⓓ连接到ⓐ的尾部。所有步骤完成后，用锁边缝缝合开口。

憨憨的小熊

凸出的背部线条和胖乎乎的屁股是全身熊的魅力之处。

用米色的毛线表现白眼球，对细节的处理也会让眼睛有所不同，所以请参考要点的眼睛细节来编织。

熊的脚掌是平的，所以可以用四肢稳稳地站立起来。

难易度
★★★★★

× 准备	线 ■ A ICASSO 6PLY羊毛线 棕色（18）30g □ B ICASSO 6PLY羊毛线 米色（02）1g ■ C ICASSO 6PLY羊毛线 黑色（14）1g	编织密度 13针×19行（5cm×5cm） 尺寸 19cm×9.5cm

材料和工具 3mm棒针，毛线缝针，剪刀，翻里钳，珠针，填充棉50g

× 使用技法

起针　　　　　　　　　　　　　　平针编织
下针　　　　　　　　　　　　　　卷针加针
上针　　　　　　　　　　　　　　挑针
下针左上2针并1针　　　　　　　　抽绳法收针
下针右上2针并1针　　　　　　　　收针
下针向左扭加针
下针向右扭加针

● 参考笔记

1 熊全身ⓐ由包含前腿、后腿、身体和脸部这几个部位的一张织片组成。

2 熊脚掌参考组装方法的说明完成。

熊全身 ⓐ

用A线起42针★

第1~2行	下针开始，平针编织2行
第3行	19针下针，下针向右扭加针，4针下针，下针向左扭加针，19针下针（44针）
第4行	上针
第5行	20针下针，下针向右扭加针，4针下针，下针向左扭加针，20针下针（46针）
第6行	上针
第7行	21针下针，下针向右扭加针，4针下针，下针向左扭加针，21针下针（48针）
第8行	上针
第9行	22针下针，下针向右扭加针，4针下针，下针向左扭加针，22针下针（50针）
第10行	上针
第11行	23针下针，下针向右扭加针，4针下针，下针向左扭加针，23针下针（52针）
第12行	上针
第13行	24针下针，下针向右扭加针，4针下针，下针向左扭加针，24针下针（54针）
第14行	上针
第15行	25针下针，下针向右扭加针，4针下针，下针向左扭加针，25针下针（56针）
第16~23行	平针编织8行
第24行	收6针，49针上针（50针）
第25行	收6针，43针下针（44针）
第26行	卷针加2针，46针上针（46针）
第27行	卷针加2针，48针下针（48针）
第28~32行	平针编织5行
第33行	2针下针，下针右上2针并1针，40针下针，下针左上2针并1针，2针下针（46针）
第34行	上针
第35行	2针下针，下针右上2针并1针，38针下针，下针左上2针并1针，2针下针（44针）
第36行	上针
第37行	19针下针，下针左上2针并1针，2针下针，下针右上2针并1针，19针下针（42针）
第38行	上针
第39行	18针下针，下针左上2针并1针，2针下针，下针右上2针并1针，18针下针（40针）
第40行	收2针，37针上针（38针）
第41行	收2针，35针下针（36针）
第42行	卷针加10针，46针上针（46针）
第43行	卷针加10针，56针下针（56针）
第44行	上针
第45行	26针下针，下针向右扭加针，4针下针，下针向左扭加针，26针下针（58针）
第46行	上针
第47行	27针下针，下针向右扭加针，4针下针，下针向左扭加针，27针下针（60针）
第48行	上针
第49行	28针下针，下针向右扭加针，4针下针，下针向左扭加针，28针下针（62针）
第50行	上针
第51行	29针下针，下针向右扭加针，4针下针，下针向左扭加针，29针下针（64针）
第52行	上针
第53行	29针下针，下针左上2针并1针，2针下针，下针右上2针并1针，29针下针（62针）
第54行	上针
第55行	28针下针，下针左上2针并1针，2针下针，下针右上2针并1针，28针下针（60针）
第56行	上针
第57行	27针下针，下针左上2针并1针，2针下针，下针右上2针并1针，27针下针（58针）
第58~61行	平针编织4行
第62行	收10针，47针上针（48针）
第63行	收10针，37针下针（38针）
第64行	收3针，34针上针（35针）

第65行	收3针，31针下针（32针）
第66行	收2针，29针上针（30针）
第67行	收2针，27针下针（28针）
第68行	上针
第69行	2针下针，[下针向左扭加针，2针下针]×12，2针下针（40针）
第70~72行	平针编织3行
第73行	4针下针，[下针左上2针并1针，2针下针]×4，[2针下针，下针右上2针并1针]×4，4针下针（32针）
第74~76行	平针编织3行
第77行	1针下针，下针左上2针并1针，[下针左上2针并1针，1针下针]×4，2针下针，[1针下针，下针右上2针并1针]×4，下针右上2针并1针，1针下针（22针）
第78行	平针，剪断A线
第79行	连接B线，1针下针，[下针左上2针并1针，1针下针]×3，2针下针，[1针下针，下针右上2针并1针]×3，1针下针（16针）▲
第80~82行	上针开始，平针编织3行
第83行	5针下针，下针左上2针并1针，2针下针，下针右上2针并1针，5针下针（14针）
第84行	上针
第85行	4针下针，下针左上2针并1针，2针下针，下针右上2针并1针，4针下针（12针）
第86行	上针
抽绳法收针 ■	

熊耳朵 ⓑ、ⓒ

用A线起10针●

第1~2行	下针开始，平针编织2行
第3行	1针下针，[下针向左扭加针，2针下针]×4，1针下针（14针）
第4行	上针
第5行	1针下针，[下针左上2针并1针]×6，1针下针（8针）
第6行	上针
抽绳法收针	

组装方法

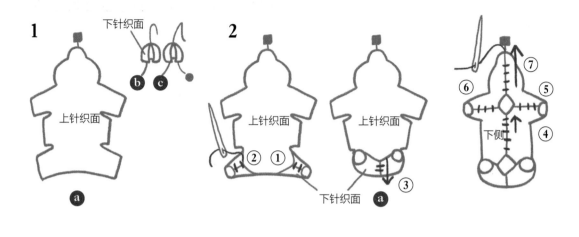

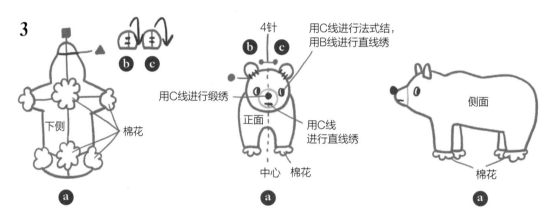

1 准备ⓐ、ⓑ、ⓒ。

2 从ⓐ的①处开始进行平针缝合。

3 从四肢中心的开口处塞入填充棉。将ⓑ、ⓒ也缝合，留线尾不整理。

4 在ⓐ的中心保持4针距离，对称缝合ⓑ、ⓒ。用C线进行法式结，B线进行直线绣，绣出眼睛。用C线进行缎绣，绣出鼻子。用C线进行直线绣，绣出嘴巴。

5 在ⓐ的脚掌末端，一只棒针挑起6针，两只棒针共挑12针。❹、❺（参考P43"挑针继续编织下针"）

6 编织1行下针，塞入填充棉后，抽绳法收针。
　余下的3个脚掌也按照步骤5、6的相同方法完成。❻、❼、❽

7 从四肢之间的开口处塞入填充棉，用卷针缝合开口。❾、❿、⓫

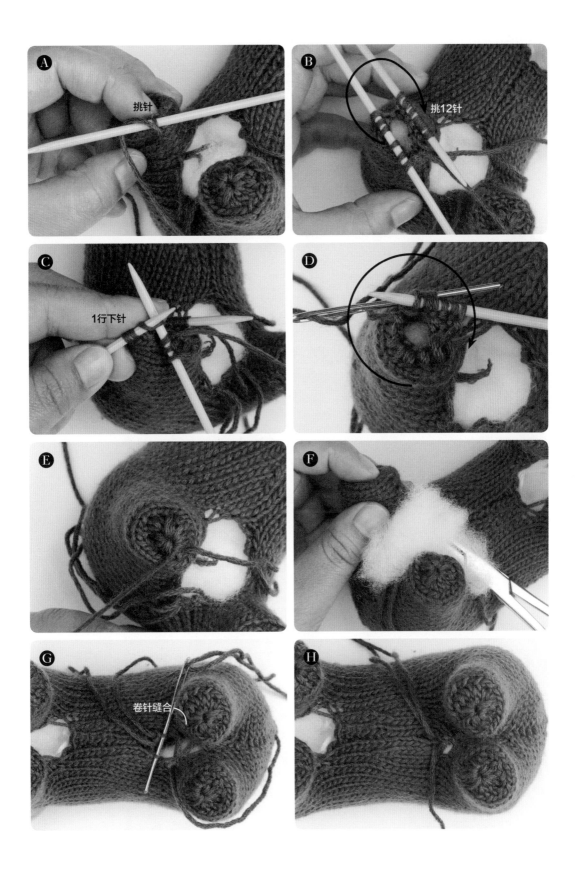

眼睛的细节表现

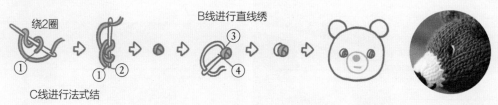

绕2圈
B线进行直线绣

① ② ③ ④

C线进行法式结

制作熊的帽子
可以利用第144页土地精灵的帽子制作熊帽子。

线 D ICASSO 6PLY羊毛线红色（20）1g

用D线起24针

第1~4行	下针开始，编织4行
第5行	[2针下针，下针左上2针并1针]×6（18针）
第6~8行	平针编织3行

第9行	[1针下针，下针左上2针并1针]×6（12针）
第10~12行	平针编织3行
第13行	[下针左上2针并1针]×6（6针）
第14~16行	平针编织3行
	抽绳法收针

× 15 ×

灯笼眼的梅花鹿

这是一只有着长长脖子的梅花鹿，鹿的形状是由脸、脖子、前腿、身体、后腿、耳朵、
尾巴总共七个部位连接起来完成的。介绍了如何从脖子编织到前腿，最终完成整个身体的方法。
使用包针引返的技法，可以体现形状弯曲变化的后腿。

难易度
★★★★★

× 准备	线 ■ A ICASSO 6PLY羊毛线 橙棕色（49）8g	编织密度 13针×19行（5cm×5cm）

× 准备　　线 ■ A ICASSO 6PLY羊毛线 橙棕色（49）8g
　　　　　　　□ B ICASSO 6PLY羊毛线 米色（02）1g
　　　　　　　■ C ICASSO 6PLY羊毛线 黑色（14）1g

材料和工具　3mm棒针，毛线缝针，剪刀，翻
　　　　　　里钳，珠针，记号扣，填充棉12g

编织密度　13针×19行（5cm×5cm）

尺寸　7.5cm×11.5cm

× 使用技法

起针	平针编织
下针	卷针加针
上针	挑针
下针左上2针并1针	包针引返
下针右上2针并1针	抽绳法收针
下针向右扭加针	收针
下针向左扭加针	

● 参考笔记

1 鹿前半身ⓔ是从鹿的脖子开始，编织脖子、胸、前腿，连接身体完成（参考P43"挑针继续编织
　下针"）。

2 确认*~*重复的地方，从*到*重复编织。

3 从鹿脸ⓐ的第10行和鹿前半身ⓔ的第1行开始编织嵌花花样。准备2条相应的线。

4 从ⓐ的第1行开始编织嵌花花样，如果织得较松，有可能出现洞孔，所以要格外注意。

鹿脸 ⓐ

用A线起11针★

第1行	上针
第2行	1针下针，[下针向左扭加针，1针下针]×9，1针下针（20针）
第3~9行	平针编织7行
第10行	连接B线，4针下针，12针下针，4针下针
第11行	5针上针，10针上针，5针上针
第12行	1针下针，[下针左上2针并1针]×2，[下针左上2针并1针]×5，[下针左上2针并1针]×2，1针下针（11针）
第13行	3针上针，5针上针，3针上针
第14行	3针下针，5针下针，3针下针
第15行	3针上针，5针上针，3针上针
第16行	1针下针，下针左上2针并1针，下针左上2针并1针，1针下针，下针左上2针并1针，下针左上2针并1针，1针下针（7针）

抽绳法收针

鹿耳朵、鹿尾巴 ⓑ、ⓒ、ⓓ

用A线起10针●

第1~4行	下针开始，平针编织4行
第5行	1针下针，[下针左上2针并1针]×4，1针下针（6针）
第6行	上针

抽绳法收针

鹿前半身 ⓔ 脖子+胸部+前腿

用A线起14针■

第1行	5针下针，连接B线，4针下针，5针下针
第2行	5针上针，4针上针，5针上针
第3行	5针下针，4针下针，5针下针
第4行	5针上针，4针上针，5针上针
第5行	5针下针，4针下针，5针下针
第6行	5针上针，4针上针，5针上针
第7行	5针下针，4针下针，5针下针
第8行	5针上针，4针上针，5针上针
第9行	4针下针，下针向右扭加针，1针下针，1针下针，下针向右扭加针，2针下针，下针向左扭加针，1针下针，1针下针，下针向左扭加针，4针下针（18针）
第10行	6针上针，6针上针，6针上针
第11行	6针下针，6针下针，6针下针
第12行	6针上针，6针上针，6针上针
第13行	5针下针，下针向右扭针加针，1针下针，1针下针，下针向右扭针加针，4针下针，下针向左扭针加针，1针下针，1针下针，下针向左扭加针，5针下针（22针）
第14行	7针上针，8针上针，7针上针
第15行	8针下针，6针下针，8针下针
第16行	9针上针，4针上针，9针上针
第17行	10针下针，2针下针，10针下针，剪断B线▲
*第18行	11针上针，翻转织片。剩下的11针留在原棒针上。（11针）
第19~24行	平针编织6行
第25行	1针下针，下针左上2针并1针，5针下针，下针右上2针并1针，1针下针（9针）
第26~31行	平针编织6行

抽绳法收针*

剩下的11针连接线A，从*到*重复编织。

鹿身体部分	
缝合前腿、鹿的脖子和前腿，从▲沿■方向起编织10针，再沿▲方向编织10针，一共编织20针	
第1行	用A线连接，编织上针（20针）
第2行	1针下针，下针向左扭针加针，18针下针，下针向右扭针加针，1针下针（22针）
第3行	上针
第4行	1针下针，下针向左扭针加针，20针下针，下针向右扭针加针，1针下针（24针）
第5~11行	平针编织7行
第12行	1针下针，下针右上2针并1针，7针下针，下针左上2针并1针，下针右上2针并1针，7针下针，下针左上2针并1针，1针下针（20针）
第13行	上针
第14行	1针下针，下针右上2针并1针，5针下针，下针左上2针并1针，下针右上2针并1针，5针下针，下针左上2针并1针，1针下针（16针）
第15行	上针
第16行	1针下针，下针右上2针并1针，3针下针，下针左上2针并1针，下针右上2针并1针，3针下针，下针左上2针并1针，1针下针（12针）
抽绳法收针	

鹿后半身（后腿）①、⑨	
用A线起11针◆	
第1~6行	下针开始，平针编织6行
第7~14行	4针下针，包针引返，4针上针 3针下针，包针引返，3针上针 2针下针，包针引返，2针上针 整理包针引返的针脚，继续编织下针。 4针上针，包针引返，4针下针 3针上针，包针引返，3针下针 2针上针，包针引返，2针下针 整理包针引返的针脚，继续编织上针。
第15~18行	下针开始，平针编织4行
第19行	1针下针，[下针左上2针并1针]×2，1针下针，[下针左上2针并1针]×2，1针下针（7针）
第20行	上针
抽绳法收针	

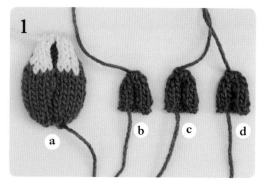

准备ⓐ、ⓑ、ⓒ、ⓓ。

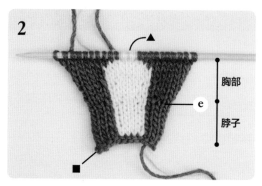

编织ⓔ至第17行为止。

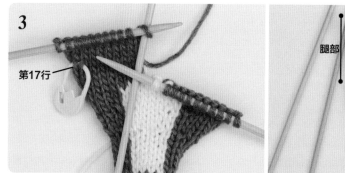

重复*到*，编织第18行的11针。编织11针上针后，翻转织片，再拿一根棒针进行编织，剩下的11针留在原棒针上。为了数清楚，可以在第17行上使用记号扣。

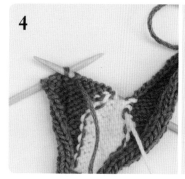

在现有针上完成从*到*的11针，重复步骤，完成两条腿的编织。

 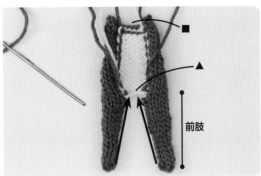

两条腿平针编织的部分用抽绳法收针，在▲处缝合。

 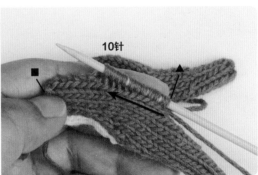

▲沿■方向挑织10针。

 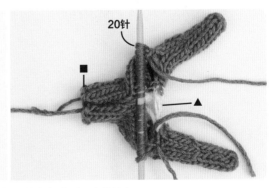

用另一支棒针朝相反方向挑织10针，一共挑织20针。把20针全部移到一支棒针上。

8

脖子
+
胸部
+
前腿

身体

身体部分从第1行到第16行按照编织说明进行编织。

9

卷针缝

将身体缝合，腿部进行卷针缝。

10

在前腿和身体塞入填充棉，整形。

缝合脖子，塞入填充棉，完成鹿的前半身。

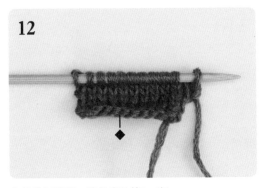

参考编织说明，编织ⓕ的第1~6行。

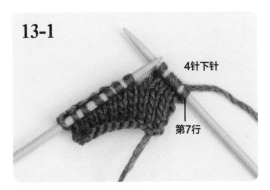

4针下针

第7行

编织4针下针。

编织下一针的时候，像编织上针一样，右针往上抬。

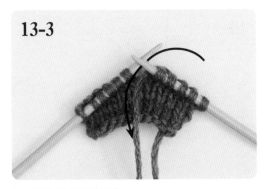

把后面的线拿到前面来。

13-4

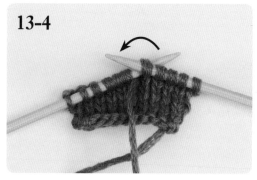

将上面的1针再次移到左棒针上。

13-5

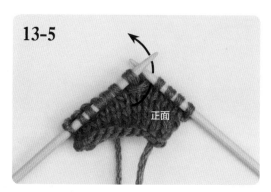

正面

把线再送到织物后方。

13-6

反面

翻转织片，编织4针上针。

14-1

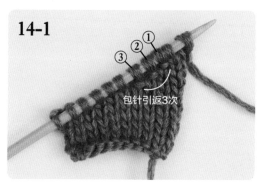

③ ② ①

包针引返3次

下针织包针引返后，整理用线包裹的环，再编织下针。

14-2

①

编织完2针后，将右针从①的下方向上穿过。

14-3

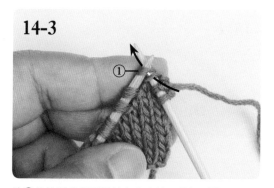

①

从①处按照编织下针的方向入针，编织下针。

14-4

第13行

第8行

包针引返的②、③针也按照相同方法整理后，编织下针。

15-1

反面

编织4针上针。

15-2

编织下一针的时候，像编织上针一样，右针往上抬。

15-3

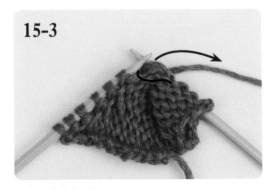

把前面的线往后送。

15-4

将转移的1针重新移回左棒针上，再将线拿到前面。

15-5

翻转织片，编织4针下针。

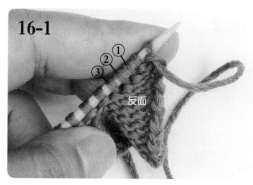

16-1

用上针编织包针引返后，整理线圈，编织上针。

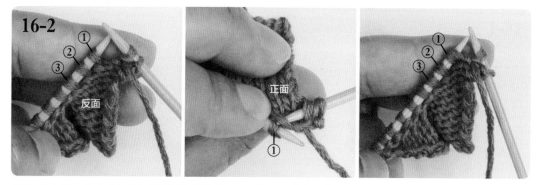

16-2

编织2针上针，用右棒针将包针引返的线圈从下向上挑起，挂在左棒针上。

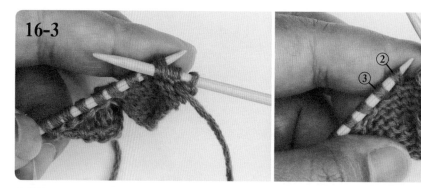

16-3

将旋转的包针引返的线圈和①一起编织上针。

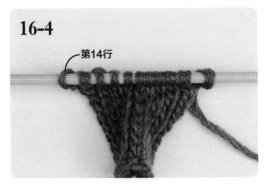

16-4

第14行

包针引返的第②、③针也按照相同方法整理后，编织下针。

17

从第15行开始，在确认剩余的针数和行数后进行编织。抽绳法收针。

组装方法

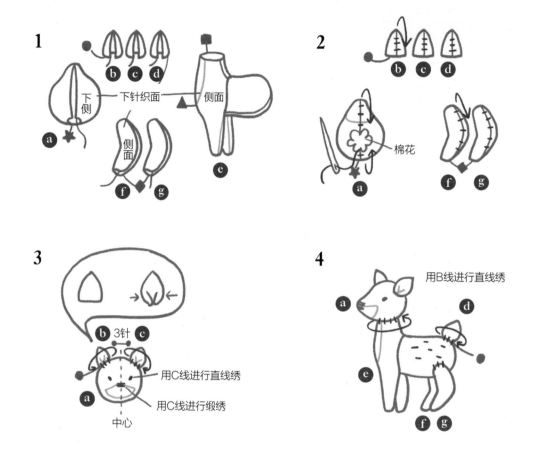

1 准备ⓐ、ⓑ、ⓒ、ⓓ、ⓔ、ⓕ、ⓖ。

2 将ⓐ、ⓕ、ⓖ的平针织物，缝合后塞入填充棉。ⓕ、ⓖ用抽绳法进行收针。将ⓑ、ⓒ缝合后，留线尾不整理。将ⓓ缝合后进行抽绳法收针。

3 在ⓐ的中心保持3针距离，对称缝合ⓑ、ⓒ。用C线进行直线绣，绣出眼睛。用C线进行缎绣，绣出鼻子。

4 用珠针将ⓐ、ⓓ、ⓕ、ⓖ固定在ⓔ相应位置后连接。用B线进行直线绣，绣出背部的白斑。

要点

脸部和颈部边界部分会露出A线，用B线缝合一下相对的针脚，可以稍微盖住A线。

第 5 章

× × × ×

制作小装饰

介绍将编织的玩偶组合起来，制作各种各样小装饰的方法。

×01×

胸针

×准备×

材料和工具 25mm胸针底座，普通针，线，剪刀

×制作方法×

准备编织好的松鼠和胸针底座。

在松鼠的侧面缝上胸针底座，完成。

×02×
手链

材料和工具 手链锁扣1套，O形圈3个，20cm手链1条，珍珠装饰1个，宝石装饰1个，铃铛2个，钳子

× 制作方法 ×

准备编织好的梅花鹿、塔树、中蘑菇等喜欢的玩偶。

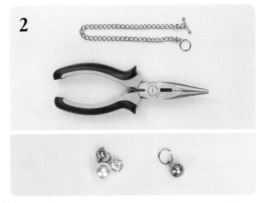

用钳子在金属链条两端连接锁扣。

在每个玩偶顶部连接O形圈。

在金属链条上连接梅花鹿、塔树、蘑菇、珍珠、宝石和铃铛，完成。

动物手指玩偶

线 ▩ A ICASSO 6PLY羊毛线 浅麻灰色（11）3g
材料和工具 2根4mm棒针，毛线缝针，剪刀

× 制作方法 ×

手指套
用A线起22针★

第1行	（正面）1针下针，[2针下针，2针上针]×5，1针上针（22针）
第2~10行	重复第1行，共编织9行
第11~20行	平针编织10行
第21行	1针下针，[下针左上2针并1针]×10，1针下针（12针）

抽绳法收针

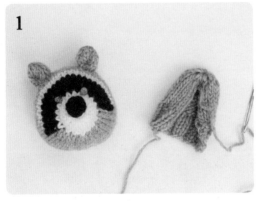

参考第164页，准备好浣熊头，编织手指套。可以根据手指长度调整平针编织的行数。

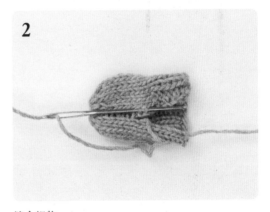

缝合织物。

在内侧边进行卷针缝，整理线头。

在毛线缝针上穿上新线，将浣熊的头和身体的对应位置缝合。

×准备×

材料和工具 花环，花艺用铁丝7条，50cm蝴蝶结丝带，140cm麻绳，剪刀，松果装饰

×制作方法×

准备编织好的小熊、中蘑菇、大蘑菇、小蘑菇、小熊头、蜜蜂、黑莓和松果等。

在小熊的鼻子和屁股的背面穿上花艺铁丝。除此以外，也将小玩偶的背面穿上花艺铁丝。

把玩偶放在花环上，把花艺铁丝拧紧，固定到花环上，然后把松果装饰也固定好。

装饰麻绳和蝴蝶结，作品完成。

×05×
圣诞礼物

×准备×

材料和工具 60cm迷你圣诞树，圣诞树灯泡，20cm皮绳10条，毛线缝针，剪刀

×制作方法×

准备编织好用来装饰圣诞树的玩偶。

将毛线缝针穿上皮绳，然后穿过玩偶顶端，打结做成环状。

在所需玩偶顶部做环，装饰在圣诞树上。

风铃

材料和工具 50cm粗木棍，1m棉线7条，毛线缝针，剪刀

× 制作方法 ×

准备编织好的塔树、圆树、三角树、中蘑菇、小熊、浣熊和狐狸。

将毛线缝针穿上棉绳，穿过玩偶身体中间，并打结。

安排好位置后，把连接玩偶的棉线缠绕到木棍上。

将30cm棉线分别绑在木棍两端，完成作品。

原文书名：그린도토리의 숲속 동물 손뜨개

原作者名：명주현

Copyright © 2020 by MYOUNG, JU HYUN

All rights reserved.

Simplified Chinese copyright © 2023 by China Textile & Apparel Press.

This Simplified Chinese edition was published by arrangement with Hans Media Publisher through Agency Liang.

本书中文简体版经 Hans Media Publisher 授权，由中国纺织出版社有限公司独家出版发行。

本书内容未经出版者书面许可，不得以任何方式或任何手段复制、转载或刊登。

著作权合同登记号：图字：01-2023-3699

图书在版编目（CIP）数据

森林动物棒针编织 /（韩）明珠贤著；付静译 . --北京：中国纺织出版社有限公司，2024.1（2024.1重印）

ISBN 978-7-5229-0858-8

Ⅰ . ①森… Ⅱ . ①明… ②付… Ⅲ . ①棒针－绒线－编织－图集 Ⅳ . ① TS935.522-64

中国国家版本馆 CIP 数据核字（2023）第 155716 号

责任编辑：刘 茸　　　特约编辑：刘 娟
责任校对：王蕙莹　　　责任印制：王艳丽

中国纺织出版社有限公司出版发行
地址：北京市朝阳区百子湾东里 A407 号楼　邮政编码：100124
销售电话：010—67004422　传真：010—87155801
http://www.c-textilep.com
中国纺织出版社天猫旗舰店
官方微博 http://weibo.com/2119887771
北京华联印刷有限公司印刷　各地新华书店经销
2024 年 1 月第 1 版　2024 年 1 月第 2 次印刷
开本：787×1092　1/16　印张：14.25
字数：268 千字　定价：98.00 元

凡购本书，如有缺页、倒页、脱页，由本社图书营销中心调换